新型职业农民培育系列教材

日光温室
蔬菜标准化生产技术

◎ 卢耀忠　主编

中国农业科学技术出版社

图书在版编目（CIP）数据

日光温室蔬菜标准化生产技术 / 卢耀忠主编. —北京：中国农业科学技术出版社，2016.9

ISBN 978-7-5116-2709-4

Ⅰ.①日… Ⅱ.①卢… Ⅲ.①蔬菜-日光温室-温室栽培 Ⅳ.①S626.5

中国版本图书馆 CIP 数据核字（2016）第 203398 号

责任编辑 崔改泵
责任校对 马广洋

出 版 者 中国农业科学技术出版社
北京市中关村南大街 12 号 邮编：100081
电 话 (010) 82109194（编辑室） (010) 82109702（发行部）
(010) 82109709（读者服务部）
传 真 (010) 82106650
网 址 http：//www.castp.cn
经 销 者 各地新华书店
印 刷 者 北京富泰印刷有限责任公司
开 本 850mm×1 168mm 1/32
印 张 6.125
字 数 154 千字
版 次 2016 年 9 月第 1 版 2016 年 9 月第 1 次印刷
定 价 23.80 元

《日光温室蔬菜标准化生产技术》
编　委　会

主　　编： 卢耀忠

编写人员：（按姓氏笔画排序）

王泽东　卢耀忠　李　文

李　铎　李鸿满　陈宝奎

康永堂　谢延林

前　言

日光温室是设施农业建筑形式之一，外界环境因素对日光温室使用效果影响较大，因此，形成了不同类型日光温室区域分布的特点。日光温室在我国华北、东北、黄淮地区发展迅速，北方各大中城市郊区都已形成一定规模，大大缓解了我国淡季蔬菜供应问题。

日光温室的发展壮大促进了农业产业结构的调整，带动了相关产业的发展，实现了蔬菜产业化生产，增加了农户的收益，从事日光温室蔬菜生产的农民数量日益增加。在未来的发展中，日光温室将向着环境控制自动化、蔬菜生产标准化和无害化及机械化的目标努力。

本书全面、系统地介绍了我国日光温室蔬菜生产的发展历程和前景、日光温室的建造技术、日光温室蔬菜平衡施肥技术、日光温室蔬菜生产农药安全使用技术、日光温室瓜类蔬菜标准化生产技术、日光温室茄果类蔬菜标准化生产技术、日光温室豆类蔬菜标准化生产技术、日光温室叶菜类蔬菜标准化生产技术、日光温室芽菜类蔬菜标准化生产技术、日光温室平菇与金针菇标准化生产技术、日光温室防冻减灾及灾后恢复生产技术等。

由于编者水平所限，加之时间仓促，书中不尽如人意之处在所难免，恳切希望广大读者和同行不吝指正。

编　者

目　　录

第一章　我国日光温室蔬菜生产的概述

日光温室蔬菜栽培的成功与大面积推广，结束了千百年来我国北方地区冬淡季鲜细菜供应难的历史，也促进了农民增收。应该说，日光温室蔬菜栽培的成功，是我国农业领域具有划时代意义的成就。

第一节　我国日光温室蔬菜生产的发展历程

一、日光温室蔬菜生产的发展历程

（一）日光温室蔬菜概念的由来

日光温室蔬菜是温室蔬菜生产的一种方式，温室蔬菜是设施蔬菜的重要组成部分，设施蔬菜又是设施园艺的主体，而设施园艺是设施农业的一个重要方面。由于设施蔬菜栽培常在自然环境不适宜的季节进行，故也称为“反季节栽培”。20 世纪 90 年代中期以后，伴随着国家实施工厂化高效农业示范工程项目，工厂化农业和可控环境生产概念又应运而生。

（二）日光温室蔬菜概念

日光温室蔬菜是指在日光温室内进行蔬菜生产的一种方式。这种方式的生产范围和生产特点与设施蔬菜基本相同，所不同的是采用的设施类型为日光温室。日光温室是温室的一种。温室是具有采光屋面和保温维护结构与设备，一般情况下室内昼夜温度均显著高于室外温度；而日光温室则不仅具有采光屋面和保温维护结构与设备，还具有蓄热结构，且室内能量主要来源于太阳能。日光温室一般由采光前屋面、外保温草苫（被）和蓄热保温后屋面、后墙与山墙等维护结构以及操作间组成；围护结构具有保温和蓄热的双重功能；基本朝向是东西向延伸，坐北朝南。

（三）日光温室蔬菜产业的形成

日光温室蔬菜产业形成于20世纪80年代，历史虽短，但其发展之快令世人瞩目，目前已成为我国北方地区蔬菜周年供应和农民增收不可或缺的产业。

1. 日光温室蔬菜发展的初创时期

20世纪20年代，海城市感王镇和瓦房店市复州城镇开始利用土温室生产冬春韭菜等蔬菜，而后于30年代后期传到鞍山市旧堡昂村一带，50年代形成了“鞍山式”单屋面温室；同期北京开始发展暖窖和纸窗温室，并于50年代形成北京改良式温室。这一时期温室主要是土木结构玻璃温室，山墙和后墙用土打成或用草泥垛成，后屋面用柁和檩构成屋架，柁下用柱支撑；屋架上用秫秸和草泥覆盖；前屋面玻璃覆盖，晚间用纸被、草苫保温。这种温室需加温才能在冬季和早春生产。因此，这类温室充其量可算作日光温室雏形。

2. 日光温室蔬菜大面积发展初期

20世纪80年代初期，辽宁为解决冬淡季蔬菜供应问题，首先在瓦房店和海城等地区的农家庭院，探索塑料薄膜日光温室冬春茬蔬菜不加温生产获得成功，并逐渐在大田中大面积发展。这一时期的日光温室结构主要采用竹木结构，拱圆形或一坡一立式，前屋面覆盖材料为塑料薄膜。典型结构有海城“感王式”和瓦房店“琴弦式”日光温室，其中海城感王式日光温室被称为第一代普通型日光温室。

3. 日光温室蔬菜全面提升与发展期

20 世纪 90 年代初期，我国北纬 32°以北的北方地区，开始大面积推广海城式、瓦房店琴弦式和鞍Ⅱ型为主的第一代节能日光温室及其黄瓜和番茄等主要果菜配套栽培技术，实现了最低气温-20℃地区不加温日光温室每平方米年产番茄和黄瓜 22.5 千克的高产纪录。至 21 世纪初，进一步推广了第二代节能日光温室蔬菜高产优质安全栽培技术，实现了最低气温-23℃地区不加温日光温室每平方米年产番茄、黄瓜、茄子 30 千克的高产纪录。日光温室蔬菜产业的快速发展，彻底解决了长期困扰我国北方地区的冬春蔬菜供应问题，大幅度增加了农民收入，成为许多地区的支柱产业。

4. 日光温室蔬菜现代化发展期

日光温室结构的优化、环境控制自动化及蔬菜生产机械化、规范化、无害化、标准化及产品优质化等技术创新与普及，并建立日光温室结构及建造标准、蔬菜栽培技术标准、产品质量标准等一系列适于不同地区不同作物不同栽培模式的标准，这需要一个历史过程。面对日光温室现代化，应该采取以技术创新为核心、基地示范为先导、适宜地区先行发展的思路，积极稳妥地推进日光温室现代化。

二、日光温室蔬菜生产的研究历程

我国自“六五”开始高度重视设施蔬菜高效节能栽培技术研究，其中日光温室蔬菜高产优质栽培技术是研究的重点之一。

“八五”期间，日光温室蔬菜生产技术受到农业部的高度重视，全国农业技术推广服务中心张真和组织了全国日光温室蔬菜生产技术推广协作网，由吴国兴、张振武、王耀林、安志信、亢树华等组成专家组，面向全国培训日光温室蔬菜生产技术骨干。

“九五”期间，国家实施了重大科技产业化项目——工厂化高效农业示范工程项目，在规划的6个分项中，北京、上海、浙江、广东、天津分项主要研究大型连栋温室。

“十五”期间，国家继续实施了工厂化农业科技攻关项目和可控环境农业生产技术的“863”计划项目，对日光温室高效节能生产关键技术、可控环境下主要蔬菜全季节无公害生产技术、蔬菜生育障碍防治技术等进行了科技创新。在最低气温-25℃地区，研制出不加温日光温室每平方米年产番茄、黄瓜、茄子33千克的高效节能栽培技术体系，选育出一批设施专用品种，建立了一批中试与产业化示范基地，进一步推动了日光温室蔬菜产业的快速发展。

“十一五”期间，国家实施了资源高效利用设施蔬菜生产技术科技支撑项目，并实施了日光温室环境变化及主要果菜生长发育模型“863”计划项目。研制出第三代低成本节能日光温室。

近年来，随着科学技术的迅猛发展，我国的日光温室也必将向大型化、集约化、规模化、产业化方向发展。温棚骨架材料趋向高强度、轻便、耐腐蚀、使用寿命长发展；规模向多拱拼装式、大型连栋式方向发展；覆盖材料向透气性好、保温保湿性能优越方向发展；配套设施向电动和计算机自动监控方向发展。

第二节　我国日光温室蔬菜生产的发展前景

一、我国发展日光温室蔬菜产业的必要性

（一）解决我国北方地区蔬菜周年供应的需要

我国虽具备远方蔬菜生产基地周年生产的条件，但由于我国人口众多，尤其是北方人口比重大，因此，不仅南

方冬季蔬菜生产难以满足北方市场需求，而且也难以支撑规模如此巨大的冬季蔬菜运输，且2 000千米运距的运输成本高于最低气温-28℃地区日光温室蔬菜生产成本。因此，无论从蔬菜供应的可能性还是从生产和运输成本看，我国北方地区发展低成本低能耗的日光温室冬季蔬菜生产都是势在必行的。

（二）促进农民增收和建设小康社会的有效途径

“三农”问题的核心就是农民增收问题，农民增收的关键是增加农民人均农业资源占有量和大幅度提高农业劳动生产率。实现增加农民人均资源占有量的方式主要有农村人口转移和向农业领域投入两条途径。然而目前我国第二、第三产业难以容纳众多农民的转移，而且未来单纯靠第二、第三产业彻底解决我国众多农民转移问题也是困难的，因此，单纯靠农村人口转移难以彻底解决我国农民人均农业资源占有量不足问题。因此，向农业领域投入，在农业内部进行产业调整，发展劳动密集型的高投入高产出集约化农业产业十分必要。日光温室蔬菜正是一种劳动密集型的高投入高产出集约化农业产业，据调查，每人每年从事日光温室蔬菜生产可获得产值3.0万～8.0万元，是从事大田作物生产的5～12倍，是从事露地蔬菜生产的3～8倍。

（三）弥补农业资源短缺的有力措施

1. 弥补水资源短缺

日光温室蔬菜可实现环境的人工优化控制，从而实现水资源的高效利用。据测算，日光温室蔬菜节水灌溉量可比露地蔬菜灌水量低50%以上，而且日光温室蔬菜的高效益，为工程节水、生物节水和农艺节水的实施提供了经济基础。因此，发展日光温室蔬菜是弥补水资源短缺的重要措施之一。

2. 弥补耕地资源短缺

解决耕地不足是我国的重大战略问题之一。日光温室蔬菜生产可通过增加生产期，变一季作为全季作，增加复种指数，充分利用耕地资源，从而弥补耕地资源短缺。同时，日光温室蔬菜还可通过营养基质栽培和无土栽培充分利用不可耕作土地，从而增加农业可利用土地资源。因此，发展日光温室蔬菜产业是弥补我国耕地资源短缺和确保食物安全的战略选择。

3. 弥补能源相对短缺

日光温室蔬菜生产可以更好地利用太阳能和生物能，达到节约能源的目的。

（四）促进农业现代化的重要领域

因为日光温室蔬菜是利用现代工业技术、现代生物技术、现代信息技术、现代材料技术和现代管理技术而形成的农业产业，因此，日光温室蔬菜是最容易实现农业产业化和现代化的产业。

二、我国日光温室蔬菜产业的发展方向

（一）日光温室蔬菜产业发展的主要目标定位

我国日光温室蔬菜产业的目标定位应该以低成本、节能、高效、安全为核心来确定。以经济有效地提高劳动生产效率（提高 1 倍以上）为目标，确定日光温室蔬菜的装备水平；以不污染自身产品和环境为目标，确定环境保护的生产标准；以有利于个体化生产和品牌化销售为目标，构建日光温室蔬菜生产合作组织。

（二）日光温室蔬菜产业发展的主要方向

1. 日光温室蔬菜规模拓展问题

目前，我国日光温室蔬菜总面积约为 100 万公顷，未来还

如何发展，是人们关注的问题。我国日光温室蔬菜应以升级换代（旧设施不断淘汰）和提质、增产、增效为主，但尚可适当增加面积，其理由是北方露地蔬菜在逐年减少，且由于运费增加而南菜北运总量会有所减少，因此，需要适当增加日光温室蔬菜种植面积来弥补不足。另外，冬季北方蔬菜市场不断增大，需求量增加。因此，今后我国日光温室蔬菜的发展，一方面应尽量杜绝低水平日光温室占用良田建设，另一方面应实行高效节能日光温室建设的政府高补贴政策。

2. 日光温室的结构问题

日光温室结构选择应根据不同地区气候特点和不同用途来确定，如适合不同地区冬季喜温果菜生产、越夏果菜生产、秋延后和春提早果菜生产、叶菜生产、集约化育苗日光温室等。纬度及气候差异较大的地区，不可相互照搬日光温室结构。日光温室后墙厚薄既要考虑保温性能，也要考虑蓄热性能，土墙厚度一般为当地冻土层厚度加 75～100 厘米。日光温室地下挖深应根据不同地区环境特点确定，不应盲目引用其他地区下挖深度，一般来说纬度越低越应深些，纬度越高越应浅些；高纬度地区温室下挖过深，空间过大，冬季室内升温慢，甚至最低温度季节室内昼温升不到 25℃，影响生产。

3. 日光温室蔬菜的专业化与多样性

日光温室蔬菜生产需要根据各种蔬菜对环境和技术的要求、市场对产品的需求以及社会经济发展状况，实行专业化与多样性生产的有机结合。专业化生产是要突出特色，提高蔬菜产量、品质、生产率及市场知名度，从而打出品牌，增强市场竞争力和经济效益；多样性生产是要适应地区环境、技术、社会经济等特点，更好地利用自然资源，做到既满足市场需求，又避免某种蔬菜出现季节性过剩，从而提高经济效益。

4. 日光温室蔬菜产业化发展模式

日光温室蔬菜产业分为产前、产中和产后3个不同阶段，其中，产中阶段目前仍以人工劳动为主。因此，为确保劳动生产效率，应采取一家一户的农户种植模式为主；但一家一户的农户种植模式难以与大市场很好地衔接，因此，产前和产后需要构建产业协作组织，以便将小生产与大市场联系起来。

5. 日光温室蔬菜资源利用问题

日光温室蔬菜应注重不可耕种土地利用（盐碱地、风沙地、矿区废弃地）和提高土地利用率（温室间距土地）；注重提高水资源利用率（节水灌溉）；注重高效利用太阳能（优化温室结构、聚集太阳能）；注重高效利用农业废弃物（秸秆基质开发）。

6. 日光温室蔬菜连作障碍防治策略问题

近年来我国日光温室蔬菜连作障碍越来越重，因此，如何解决这一问题已成为今后相当长历史时期的重要任务。目前需要将日光温室蔬菜连作土壤分为不同类型采取不同防治策略，即健康土壤宜采用科学施肥方法防治蔬菜连作后发生土壤劣变；轻度连作障碍土壤宜采用必要措施进行土壤修复；较重连作障碍土壤宜采取淋溶及夏季太阳能消毒和嫁接栽培等措施进行防治；严重连作障碍土壤宜采取有机营养基质栽培、轮作栽培、无土栽培等措施，更严重者只能放弃日光温室蔬菜栽培。

7. 日光温室蔬菜病虫害的防治策略问题

日光温室蔬菜病虫害防治应采取预防为主、综合防治的原则。第一要避免各种资材（肥料、种子、工具、空气）携带病虫生物进入日光温室内；第二要增强植株抗病虫性（选择抗病品种，培育健壮植株）；第三要避免出现适宜病虫发生的条件（生态环境调控）；第四要切断病虫传播途径（及时清除病株、病叶、虫卵等，避免接触传播）；第五要采取物理防治病虫措施（诱杀、光谱、黄板、臭氧等）；第六在上述措施均无效时，才可采取高效低毒农药防治病虫害。

8. 日光温室蔬菜种植规程

需要按照不同地区、不同日光温室及不同种植茬口，制定不同的种植规程。规程中需注重日光温室内耕地资源、水资源、肥料资源和光能等的高效利用；注重降低日光温室内空气相对湿度；注重环境友好。

9. 日光温室蔬菜生产现代化问题

我国日光温室蔬菜生产总体水平还较低，距农业现代化的要求相差甚远。因此，大力推进日光温室蔬菜生产现代化水平将是今后的重要任务。为达到这一目的，首先应该实现日光温室结构标准化及蔬菜生产装备化和规范化，然后实现日光温室环境控制自动化和生产经营组织化。

三、日光温室未来的发展方向

以解决耕地资源、水资源和农业能源短缺为核心，以节能、节水、安全、优质、高效的人工营养介质栽培技术创新为关键，以实现日光温室蔬菜规范化、集约化、专业化和工厂化生产为目标，未来的发展方向主要在以下方面。

（一）日光温室环境控制技术

重点发展自动化环境监控和自动化运行技术。主要包括：①新型高效节能日光温室的建造技术，建立日光温室结构类型标准；②根据现代日光温室温光分布与变化规律，确定不同蔬菜的最佳温光管理指标，提出不同蔬菜不同季节温光调控技术；③肥水管理技术和自动化肥水一体化施肥装置；④日光温室环境（温度、光照、湿度、CO_2、土壤水分、土壤总电导率及pH值等）信息采集管理系统；⑤日光温室环境模拟模型系统及温室内环境因子自动控制的数学模型与控制方案；⑥日光温室综合环境自动控制系统的集成，达到输入参数后全自动控制的目标。

（二）日光温室蔬菜有害生物安全控制技术

以为害严重的日光温室蔬菜病虫害为主要控制对象，兼顾其他病虫害，重点研究日光温室蔬菜有害生物安全控制关键技术，组建日光温室蔬菜有害生物安全控制技术体系。

（三）日光温室蔬菜土壤可持续利用及水肥精准管理核心技术

主要内容包括：①土壤连作障碍形成的机制和有效克服途径；②日光温室蔬菜不同种植模式、不同水肥管理水平对土壤生产力保持的作用机制和可持续利用策略；③日光温室蔬菜对水分和养分高效利用的生理机制，特别是非充分灌溉条件下日光温室蔬菜水肥吸收利用原理、产量形成规律和高效利用的生理机制；④日光温室蔬菜水分和养分高效利用的管理指标体系和精准调控技术。

（四）日光温室蔬菜生产小型机械

主要内容包括：①适于日光温室应用的小型耕作机械；②适于日光温室应用的蔬菜植株调整机械；③适于日光温室应用的物品运输设备；④适于日光温室应用的植保机械；⑤适于日光温室应用的灌溉设备；⑥适于日光温室应用的环境调控设备。

（五）日光温室蔬菜优质、高产、安全、标准化生产关键技术

主要内容包括：①基于日光温室环境控制的生态环境防病技术；②基于诱导抗病的免疫育苗技术；③基于多抗砧木嫁接与营养健体的生物抗病及保健防病技术；④主要蔬菜优质、高产、抗病栽培关键技术；⑤主要蔬菜养分高效利用及平衡施肥技术；⑥主要蔬菜节水灌溉核心技术；⑦蔬菜优质栽培机理与技术；⑧构建日光温室蔬菜优质、高产、安全栽培技术体系与规范。

第二章　日光温室的建造技术

第一节　日光温室的施工技术

日光温室通常坐北朝南，东西延长，东、西、北三面筑墙，设有不透明的后屋面，前屋面通常用塑料薄膜覆盖作为采光面。

日光温室从前屋面的构型来看，基本分为一斜一立式和半拱式，这些也是比较常用的构型。由于后坡长短、后墙高矮不同，又可分为长后坡矮后墙温室、高后墙短后坡温室和无后坡温室（俗称半拉瓢）。“标准模式”日光温室采用带有后墙及后坡的半拱式日光温室，这种温室既能充分利用太阳能，又具有较强的棚膜抗摔打能力。因此，温室结构设计及建造以半拱式为好。

从建材上又可分为钢筋水泥砖石结构温室、竹木结构温室、水泥结构温室和铜竹混合结构温室。决定温室性能的关键在于采光和保温，至于采用什么建材主要由经济条件和生产效益决定。

一、日光温室的几何参数

（一）跨度

后墙内侧至前屋面骨架基础内侧的距离。

（二）后墙高

基准地面至后坡与后墙内侧交点。

（三）温室高度

基准地面至屋脊骨架上侧的距离。

（四）后坡仰角

后坡斜面与水平面的夹角。

（五）温室长度

两山墙内侧距离。

（六）温室面积

温室跨度与长度的乘积。

二、日光温室建筑设计

（一）温室方位

日光温室要尽量减少后墙遮阳。一般应坐北朝南，但对高纬度（北纬40°以北）和晨雾大、气温低的地区，冬季日光温室不能日出即揭帘受光，这样方位可适当偏西。偏离角应根据当地纬度和揭帘时间确定，一般不宜大于10°。温室方位的确定还应考虑当地冬季主导风向，避免强风吹袭前屋面，影响前屋面保温被的覆盖保温。

（二）温室间距

温室间距的确定应以前栋不影响后栋采光为前提。丘陵地区可采用阶梯式建造，平原地区应保证冬至日上午10:00阳光能照射到温室的前沿，即使在土地资源非常宝贵的地区，也应保证冬至日中午阳光能照射到温室的前防寒沟。

（三）温室总体尺寸

温室的具体尺寸主要指剖面尺寸。一般根据温室的跨度和高度，组成标准温室，而后墙高度和后坡仰角应根据操作空间要求和当地气候条件确定。有关温室总体尺寸的确定将在后面加以介绍。为了便于操作，温室长度不宜大于100米，温室面积以小于1亩（1亩≈667平方米。全书同）为宜。

三、温室构造

（1）温室南侧或周围应设置防寒沟，沟深度一般应为0.5米，宽度宜为0.3～0.5米，内填保温材料。保温材料热阻应接近或达到后墙热阻，并应保持干燥，防水防潮。防寒沟可设在温室内、外，但室内效果更佳。

（2）冬季以北风或偏北风为主导风向的地区，温室北侧应设置防风障。

（3）为了方便操作，温室前屋面骨架在距温室前沿0.5米水平距离处的高度不应低于0.7米，0.7～0.8米较适宜。

（4）为适应目前草苫子的规格和便于压膜线固膜，温室骨架间距应在0.6～1.2米，推荐间距为0.75～1.0米。

（5）山墙上应设置能上人的台阶，高于2米的山墙和后墙应设安全防护栏，栏高不低于0.9米。

（6）日光温室后屋面投影宽度与跨度之比应在0.13～0.25范围内，日光温室后屋面仰角不应小于25°，也不宜大于45°。

四、建造日光温室应注意的问题

（一）温室群规划

温室为东西向，可稍向东或向西倾斜，但不超过10°。前后温室间距一般以冬至日前后太阳高度角最小时前后排温室不遮阴为准。一般要达到日光温室脊高的2.2倍左右。东西两侧一般间隔为4～6米。

（二）筑墙

生产中温室墙体主要为土墙、砖墙、空心砖墙。土墙主要有草泥垛墙、干打垒、袋装垒。注意上下宽度差，确保墙体稳定。秋季打墙应早进行，在结冻前基本风干。墙体厚度为当地冻土层的1.5～3倍。砖石墙分为实心墙、空心夹层墙、内或外砖包墙等，墙体厚为50厘米以上，夹心层填充保温材料。

（三）进出口

分为山墙开门，后墙中间开门，前屋面下部开门。一般多为山墙开门盖一作业间。

（四）放风口

一般前屋面设上中下3排通气口，上排（顶风）设在温室最高处，可设成窗式、烟囱式和扒缝式。中排（腰风）设在前屋面距地面1～1.2米处。下排（地风）设在地面压膜处。中、下多为扒缝式。后墙通风口设在后墙中上部（1.5米左右），一般2～3米留一个直径为30～40厘米的通气口，可采用窗式或陶管式。

（五）防寒沟

寒冷地区在温室前挖一条深40～60厘米、宽30～40厘米的防寒沟，沟内填干草、碎秸秆或保温材料，也可铺衬薄膜后再填保温材料。填土夯实，高出地面5～10厘米。

第二节　高寒山区土墙全钢架日光温室建造技术规程

一、适宜范围

本规程适用于单栋日光温室的新建、改扩建工程项目的建设。

本规程适用于种植蔬菜、草莓、人参果、葡萄等果蔬。

二、术语和定义

（一）日光温室

由采光和保温维护结构组成，以塑料薄膜为透明覆盖材料，东西向延长，在寒冷季节主要依靠获取和蓄积太阳辐射能进行果蔬生产的单栋温室。

（二）墙体厚度

日光温室墙体的厚度。

（三）脊高

日光温室后屋面最高点与室内地平线之间的垂直高度。

（四）跨度

日光温室内后墙基部与前屋面基部之间的距离。

（五）长度

日光温室室外后墙基部的长度。

（六）间距

前后两栋日光温室之间的距离。

（七）前屋面角度

指前屋面切线与地平面之间的夹角。

（八）后屋面角度

后屋面内侧与水平面之间的夹角。

（九）山墙

日光温室两侧的边墙。

三、场地选择

（1）地形开阔，东、南、西三面无高大树木、建筑物、山体遮荫。

（2）土层厚度 1 米以上、土壤肥沃，且灌溉方便，土壤、灌溉用水符合无公害农产品产地环境质量要求（DB62/T 798）。

（3）洪水经过地带要有防洪设施，能够完全避开洪水的破坏。

(4) 交通通讯便利，供电、供水设施齐全。

(5) 周围无烟尘及有害气体污染。

四、场地规划

前后温室间距＝（温室脊高＋草帘或者保温被卷起来的直径）×2

修建温室群要做好温室排列以及配套渠系、道路、电力设施规划建设。东西两棚之间留 4 米宽的道路，两侧各留 1 米的绿化带和水渠，修建 3 米宽管理房的空间。

五、建造技术

（一）基本参数

1. 角度

（1）方位角。坐北朝南偏西 5°～10°。

（2）采光屋面角。采光屋面角度包括地角、前角、腰角、顶角，其中，地角 75°～80°，前角 40°～70°，腰角 30°～33°，顶角一般不小于 12°。

（3）后屋面仰角。后屋面仰角为 60°。

2. 跨度

室内宽度 10 米。

3. 高度

（1）脊高。脊高 4.8 米。

（2）后墙高度。后墙高度 3.8 米。

4. 厚度

（1）墙体厚度。墙体基部厚度 3 米，顶部厚度 2 米。

（2）温室长度。棚长 60～80 米。

（二）建棚材料

1. 塑料棚膜

采用幅宽12米的聚氯乙烯（PVC）无滴膜和醋酸乙烯（EVA）高效保温无滴防尘日光温室专用膜，厚度0.12毫米。

2. 保温材料

日光温室后屋面保温材料为宽1.2米、厚10毫米的竹胶板和宽1.2米、厚5米的草帘；前屋面保温材料为保温被。保温被选用正规的、有资质的厂家生产的保温被。一般保温被宽2米、厚4厘米，外加防水材料，配套自动卷帘机。

3. 骨架材料

成套组装钢架结构骨架。骨架材料为Q235热浸镀锌高频焊管，龙骨间距0.9米，横截面尺寸30毫米×78毫米×1.5毫米，荷载能力50千克/平方米。骨架为一个整体，厂家成套生产，安装简单，省时省工。

4. 墙体材料

建棚理想土壤为壤土和轻壤土。要求干湿均匀，手捏能成团，落地能散开为宜。

（三）施工技术

1. 施工时间

在春季土壤解冻后开始筑墙，土壤冻结前结束，使墙体在生产时充分干透。

2. 确定方位

场地确定后，对温室的用地进行平整，清除各种作物，然后用罗盘仪按温室前屋面正南偏西5°～10°放线。

3. 墙体施工

(1) 人工筑墙。墙体位置确定后，把筑墙部位及建成后温室内的耕作层20～30厘米熟土挖出堆放在温室南边采光区，然后开挖深50～60厘米、比墙体宽20厘米的槽型墙基，用挖出的生土夯打到与地面平时，后在墙基上按设计墙体厚度架设模板人工打墙，打墙时墙板要交替错位架设，墙土必须分层夯实，尤其紧靠墙板的地方要夯筑结实。同时要捡除掉土壤中石块、根茬等杂物。山墙和后墙衔接采处用山墙包后墙的方式，以增加山墙对铁丝的抗拉力。最后要对内墙体和侧墙体进行修整铲平，使其整齐美观。

(2) 机械筑墙。在建造墙体之前，把筑墙部位及建成后温室内的耕作层20～30厘米熟土挖出堆放在温室南边采光区，对定向划定的墙基地面用推土机碾压数遍，压实后在墙基上推土起垄，再用推土机反复碾压紧实，然后再推土覆盖，再反复碾压到设计高度。注意要除掉土壤中石块、根茬等杂物。山墙和后墙衔接处用山墙包后墙的方式，以增加山墙对铁丝的抗拉力。最后要对内墙体和侧墙体进行修整铲平，使其整齐美观。

4. 回填熟土

墙体施工结束后，先把室内地面整平耕翻，再把取出的熟土运回温室内，然后浇水使松土塌实，垫平地面。

5. 棚架施工

(1) 预制横梁。待墙体干结后，在后墙上方距墙体前沿30厘米处沿后墙走向开挖宽30厘米、深50厘米，与后墙等长的矩形槽，槽内用标号325号的混凝土浇筑横截面30厘米×50厘米的横梁，浇筑时在混凝土横梁的正中间按90厘米等距离、且在同一直线上预制进长55厘米的18号螺纹钢铆，钢铆高出混凝土横梁5厘米，用于固定钢架。

在温室前沿距后墙10米处找平夯实后，与栽培床等平架模板预制与后墙上规格相同的混凝土横梁，且在与后墙横梁相对应的位置在混凝土横梁的正中间也预制进规格相同的钢铆，也用于固定钢架。

（2）钢架施工。混凝土凝结后，将加工好的钢架按90厘米间距调正后焊接固定在混凝土梁的钢铆上，所有钢架全部调正焊接固定完后，在钢架下方地面投影距后墙4米处东西向加一规格为横截面尺寸50毫米×3毫米镀锌钢管，将钢架与钢管焊接成一个整体，并在钢管下方每隔3.6米支一规格为横截面尺寸100毫米×120毫米混凝土立柱（立柱中间加6根8号钢丝），增强温室的整体抗压能力。

（3）盖后屋面。先将竹胶板搭放在后墙钢架上，再在竹胶板上铺一层棚膜，把草帘铺在棚膜上，然后把棚膜翻上来包紧草帘。再在草帘包上面先覆盖一层干土，塌实后抹二次草泥，使整个后屋面顶部成南高北低的平缓斜坡，坡面平整无缝。另外，在温室后墙顶部每隔8～10米安装一排水槽，防止雨雪水冲刷墙体。

6. 覆膜

（1）棚膜准备。采用两块棚膜上、下扒缝通风，上块（风皮）宽2.5米，下块宽12米。在钢架上距屋脊1米、2.1米和距地面1米处分别东西走向固定三道棚膜卡槽。

（2）扣棚。选晴天中午，把下块棚膜拉开，上到前屋面上，晒热，下块两端分别卷入竹竿，待整个棚膜拉紧拉展后，棚膜上端固定在距屋脊2.1的卡槽内，棚膜两侧用编制袋装湿土分别压实在两侧山墙外沿上，棚膜距地面1米处也固定在下面的卡槽内，棚膜下端冬季埋入土中压实踏平，春秋气温较高需通底风时棚膜下端自然垂在地面，根据需要上卷通风。上块棚膜（风皮）的上端用草泥固定到后屋面上，中间固定在最上端的卡槽内，下端与下块棚膜重叠20厘米。上下风口处安装幅宽1.2米的防虫网防止害虫从风口处进棚为害。

（3）拉压膜线。扣棚后在棚膜上每隔 1.8 米拉一道防风压膜线，压膜线固定在大棚前后的地面和墙体上，使其紧贴棚膜，防止大风揭膜。

7. 修建室内走道和灌溉沟

在室内离后墙墙基 80 厘米处，开挖宽 30 厘米、深 20 厘米的渠胚，然后用混凝土浇筑成深 10 厘米、宽 10 厘米、东西落差 10 厘米的灌溉沟，表面用细浆抹光，并在对应定植沟的位置预留出水口。

8. 修建缓冲间

在温室山墙上挖一个高 1.6 米，宽 0.8 米的门洞，装上门框。外修一个长 4 米、宽 3 米的缓冲间，缓冲间的门应朝南，避免直对温室门洞，防止寒风直接吹入温室内。缓冲间供放置农具及看护人员住宿。

9. 修建防寒沟

在温室南沿外 40 厘米处挖一条东西长的防寒沟，深为 80～100 厘米，宽为 40 厘米。沟内填充秸秆或炉渣，沟顶盖旧地膜再覆土塌实。顶面北高南低，以免雨水流入沟内。

10. 其他设施

在交通便利或日光温室比较集中地区，可配套负荷较高的电力设施，以便连阴雪天增温补光。

11. 上棉被

入冬后，选晴天，把棉被相互折叠 0.5 厘米用细线缝在一起，在后屋面拉一道铁丝固定，在前屋面将棉被重叠在自动卷帘机钢管和三根钢筋内固定。

图 2-1 为土墙金钢架日光温室结构图，图 2-2 为天祝县日光温室管理房效果图及平面图，图 2-3 为天祝县日光温室进出门效果图及立体图。

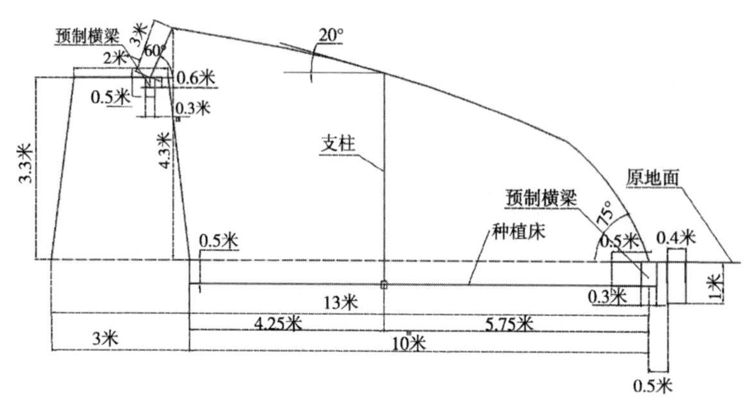

图 2-1　土墙金钢架日光温室结构

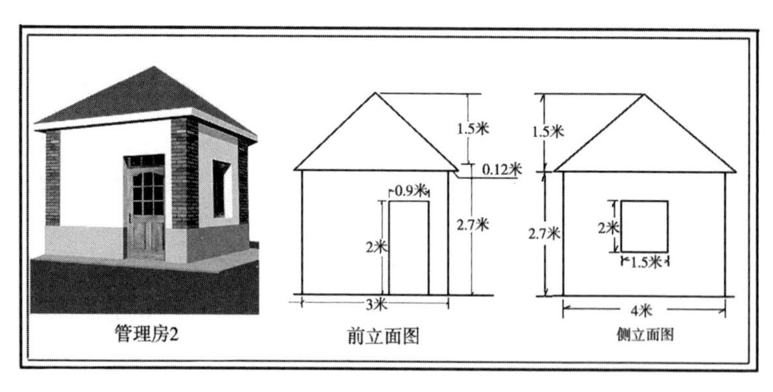

图 2-2　天祝县日光温室管理房效果图及平面

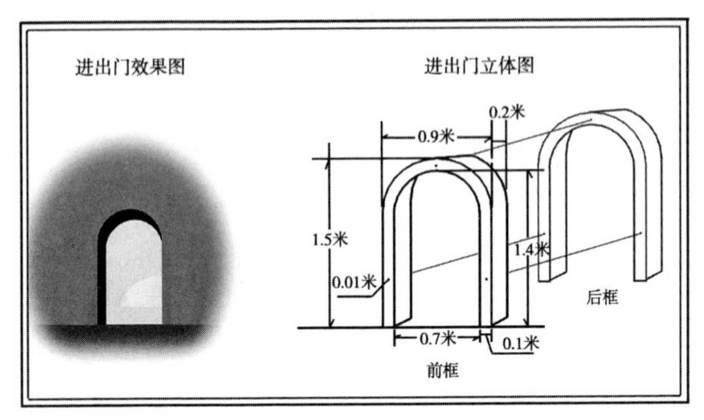

图 2-3 天祝县日光温室进出门效果图及立体结构

第三节 其他几种常见的温室的建造

一、琴弦式日光温室

前屋面每 3 米设一桁架，桁架用木杆或用直径为 25 毫米钢管、直径为 14 毫米钢筋作下弦，直径为 10 毫米钢筋作拉花。

在桁架上按 30～40 厘米的间距，东西拉 8 号铁线，铁线东西两端固定在山墙外基部，以提高前屋面强度，铁线上拱架间每隔 75 厘米固定一道细竹竿，上面覆盖薄膜，膜上再压细竹竿，与膜下细竹竿用细铁丝捆绑在一起。盖双层草苫。

跨度为 7.0～7.1 米，高为 2.8～3.1 米，后墙高为 1.8～2.3 米，用土或石头垒墙加培土制成，经济条件好的地区以砖砌墙。

近年来，温室垒墙又出现了用使用过的编织袋装土块速垒墙的做法。这种温室跨度一般为 7.5～8.0 米，且温室空间大，光照充足，保温性能好，投资少，操作便利，效益高（图 2-4）。

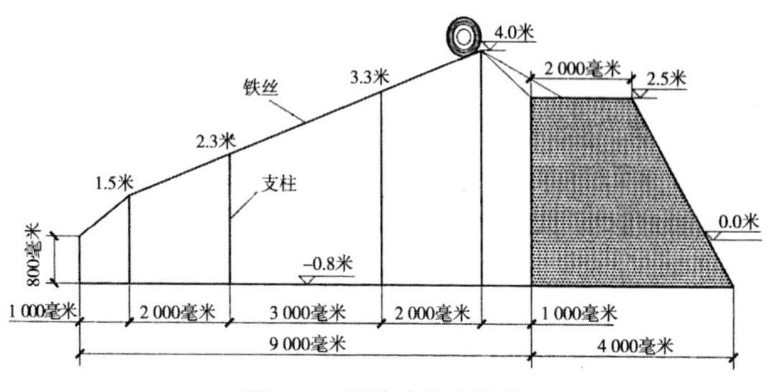

图 2-4　琴弦式日光温室

二、圆拱式日光温室

圆拱式温室是从一面坡温室和北京改良温室演变而来。20 世纪 70 年代木材和玻璃短缺，前屋面改用竹片或钢架作拱杆，以塑料薄膜代替玻璃，屋面构型改一面坡和两折式为圆拱形。温室跨度多为 6～12 米，脊高为 3.0～4.5 米，后屋面水平投影为 1.3～1.4 米（图 2-5）。这种温室在北纬 40°以上地区最为普遍。

从建材上又可分为竹木结构、钢竹混合结构、混凝土结构（水泥结构）、钢材焊接式结构（钢筋结构）、镀锌钢管装配式结构等几种。

• 竹木结构。透光前屋面用竹片或竹竿作受力骨架，间距为 60～80 厘米，后屋面梁和室内柱用圆木。常配套干打垒、土坯等墙体材料，一般寿命为 5 年以下（图 2-6）。

• 钢木结构。透光前屋面用钢筋或钢管焊成桁架结构作为承力骨架，后屋面与竹木结构相同。为了节省钢材，对前屋面承重结构的做法有多种形式：两榀桁架间距约 3 米，中间设三道竹片骨架；桁架和钢管骨架间隔设置为 3.3 米一开间，中间设钢管骨架，钢管骨架与桁架间再用竹片骨架数道，需要设置后柱，以承受来自后屋面的荷载（图 2-7）。

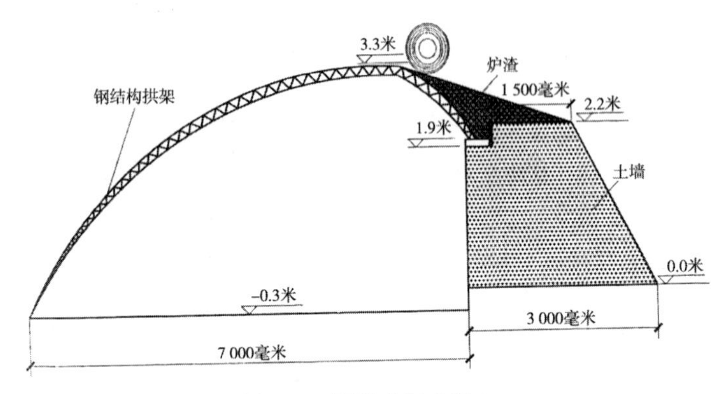

图 2-5 圆拱式日光温室

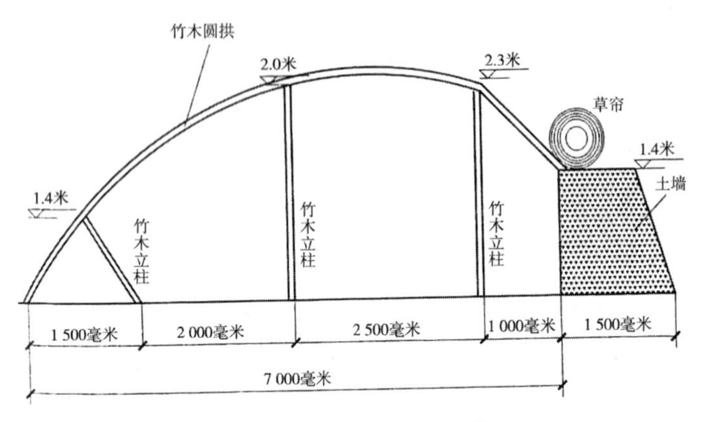

图 2-6 竹木结构日光温室

• 钢—钢筋混凝土结构。透明前屋面用钢筋桁架，用一根钢筋混凝土弯柱承载后屋面荷载，后屋面钢筋混凝土骨架承重段成直线，室内不设立柱。

• 全钢结构。前屋面和后屋面承重骨架做成整体式钢筋（管）桁架结构或用热浸镀锌钢管通过连接纵梁和卡具形成受力整体，后屋面承重段或成直线，或成曲线，室内无柱。全钢筋混凝土结构和全钢结构相同，仅材料变成钢筋混凝土（图 2-8）。

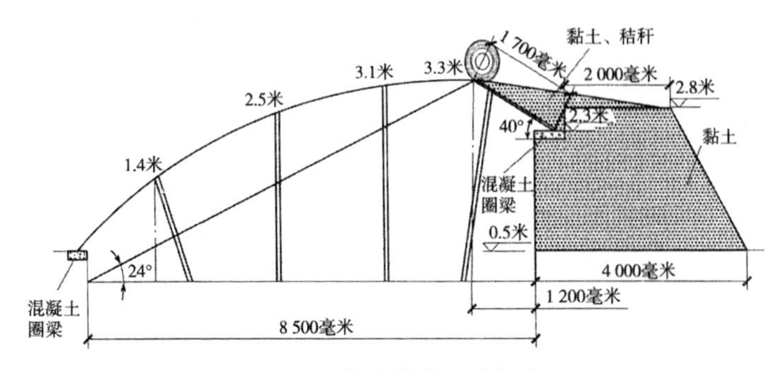

图 2-7　钢木结构日光温室

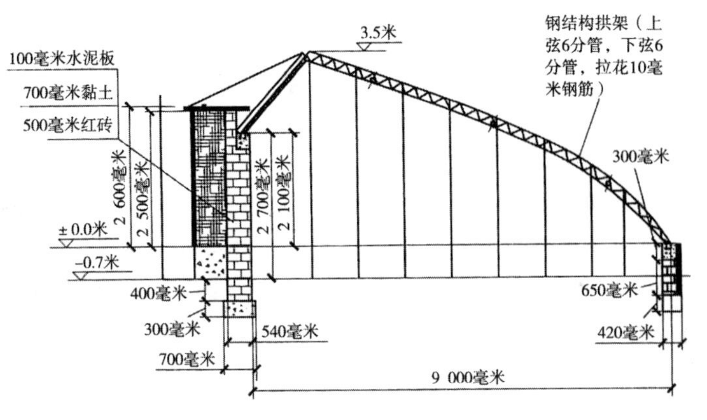

图 2-8　全钢结构日光温室

三、改良式琴弦式日光温室

跨度为 8～9 米，后墙用挖土机制成，下底为 4 米，上底为 2 米，脊高为 3.3～4.5 米，拱杆采用网状铁丝分布，四道拉杆，立柱采用 10 厘米×10 厘米混凝土，或没有立柱。冬季温度较高，夜间一般为 10～13℃。

四、砖墙钢结构日光温室

跨度为 9 米，后墙用 10 米红砖墙，脊高为 3.3～3.6 米，拱杆钢结构桁架，间距为0.8米，三道拉杆，无立柱，冬季温度较高，夜间一般为8～10℃。

五、竹木钢架下沉式日光温室

从山东省引进的温室类型，跨度为8.5～10米，后墙用挖土机制成，下底为4米，上底为2.5米，脊高为3.3～4.5米，拱杆采用钢架，间距为4米，钢架中间三道竹竿，四道拉杆，立柱采取10厘米×10厘米混凝土，冬季温度高，夜间一般为10～13℃。

第四节　日光温室环境调控

一、温度条件

正常管理下的日光温室温度明显高于室外。最高气温增温效应最大是在最冷的1月上中旬，以后随外界气温升高和放风管理，使最高气温的室内外差值逐渐缩小。

最高气温出现的时间，晴天最高气温出现在13:00，比自然界提前。13:00以后温度开始下降。阴天最高气温常出现在云层较薄、散射光较强的时候，但也随室内外温差大小而有别，故时间不易确定。

不同天气条件对最高气温的影响，晴天增温效应最大，多云天气次之，阴天最差。通风对最高气温的影响与通风面积、通风口位置、上下通风口的高差、外界气温及风速都有关系。扒缝放风时，上下通风口同时开放，通风面积为膜面的2%～3%时，可使最高温度下降10～14℃。圆形通风口上下两排开放，通风面积约为0.1%时，可使最高气温下降2～3℃。单开上排或下排放风口，或减少放风面积时，对最高温度的抑制较小。外界气温低，风大或上下风口高差大时，通风对抑制高温的效果大，反之则小。所以，一般冬季和早春放风效果明显，而3月下旬至4月后效果较差，此时必须加大通风量。由于温室水平温度的不一致性，对温室中部和远离门一端，应适当加大放风面积。

二、光照条件

温室光照条件与大棚相同点为同受季节、天气、方位、结构的影响。不同之处是温室光照度主要受前屋面角度、前屋面大小的影响。在一定范围内，屋面角度越大，透明屋面与太阳光线所成的入射角越小，透光率越高，光照越强。因此，冬季太阳高度角低，光照减弱。春季太阳高度升高，光照加强。

温室内南北水平光照差异表现为南强北弱，距前屋面越远光照越弱。在栽培蔬菜条件下，由于前排蔬菜遮阳，南北光差加大，造成前后排产量的差异。各排的垂直照度，上层最强，中层次之，下层最弱。为了充分利用温室光照，减少局部光差的影响，应注意冬春栽培品种的选择和不同种类的合理搭配。

三、湿度条件

影响温室湿度条件的因素有灌水量、灌水方式、天气、通风量与加温设备等。晴天湿度小于阴天，白天小于夜间，室内最高相对湿度出现在后半夜到日出前。温室容积小，湿度大。昼夜温差大，易因高温高湿引起病害，因此，冬季在中午时也应作短时通风降湿。

四、土壤及其调控

（一）土壤酸化

土壤酸化是指土壤的pH值明显低于7，土壤呈酸性反应的现象。

1. 土壤酸化对蔬菜的不良影响

土壤酸化对蔬菜的影响很大，一方面能够直接破坏根的生理机能，导致根系死亡；另一方面还能够降低土壤中磷、钙、镁等元素的有效性，间接降低这些元素的吸收率，诱发缺素症状。

2. 土壤酸化的原因

大量施用氮肥导致土壤中的硝酸积累过多是引起土壤酸化的主要原因。此外，过多施用硫酸铵、氯化铵、硫酸钾、氯化钾等生理酸性肥也能导致土壤酸化。

3. 主要防治措施

（1）合理施肥。氮素化肥和高含氮有机肥的一次施肥量要适中，应采取“少量多次”的方法施肥。

（2）施肥后要连续浇水。一般施肥后连浇 2 次水，降低酸的浓度。

（3）加强土壤管理。如进行中耕松土，促根系生长，提高根的吸收能力。

（4）对已发生酸化的土壤应采取淹水洗酸法或撒施生石灰中和的方法提高土壤的 pH 值，并且不得再施用生理酸性肥料。

（二）土壤盐渍化

土壤盐渍化是指土壤溶液中可溶性盐浓度明显过高的现象。

1. 土壤盐渍化对蔬菜的不良影响

当土壤发生盐渍化时，植株生长缓慢，分枝少；叶面积小，叶色加深，无光泽；容易落花落果。危害严重时，植株生长停止，生长点色暗、失去光泽，最后萎缩干枯；叶片色深、有蜡质，叶缘干枯、卷曲，并从下向上逐渐干枯、脱落；落花落果；根系变褐色坏死。

土壤盐渍化往往是大规模造成危害，不仅影响当季生产，而且过多的盐分不易清洗，残留在土壤中，对以后蔬菜的生长也会产生影响。

2. 土壤盐渍化的原因

土壤盐渍化主要是由于施肥不当造成的，其中氮肥用量过大导致土壤中积累的游离态氮素过多，是造成土壤盐渍化的最主要原因。此外，大量施用硫酸盐（如硫酸铵、硫酸钾等）和盐酸盐（如氯化铵、氯化钾等），也能增加土壤中游离的硫酸根和盐酸根浓度，发生盐害。

3. 主要防治措施

（1）定期检查土壤中可溶性盐的浓度。土壤含盐量可采取称重法或电阻值法测量。

称重法是取 100 克干土加 500 克水，充分搅拌均匀。静置数小时后，把浸取液烘干称重，称出含盐量。一般蔬菜设施内每 100 克干土中的适宜含盐量为 15～30 毫克。如果含盐量偏高，要采取预防措施。

电阻值法是用电阻值大小来反映土壤中可溶性盐的浓度。测量方法是：取干土 1 份，加水（蒸馏水）5 份，充分搅拌。静置数小时后，取浸出液，用仪器测量浸出液的电传导度。蔬菜适宜土壤浸出液的电阻值一般为 0.5～1 毫欧/厘米。如果电阻值大于此值范围，说明土壤中的可溶性盐含量较高，有可能发生盐害。

（2）适量追肥。要根据作物的种类、生育时期、肥料的种类、施肥时期以及土壤中的可溶性盐含量、土壤类型等情况确定施肥量，不可盲目加大施肥量。

（3）淹水洗盐。土壤中的含盐量偏高时，要利用空闲时间引水淹田，也可每种植 3～4 年夏闲一次，利用降雨洗盐。

（4）覆盖地膜。地膜能减少地面水分蒸发，可有效地抑制地面盐分积聚。

（5）换土。如土壤中的含盐量较高，仅靠淹水、施肥等措施难以降低时，就要及时更换耕层熟土，把肥沃的田土换入设施内。

五、气体及其调控

设施作物是设施的主体，根据设施内气体对作物是有益还是有害，可将气体分为有益气体和有害气体两种。

有益气体主要指的是二氧化碳和氧气。光合作用是作物生长发育的物质能量基础，而 CO_2 是绿色植物进行光合作用的重要原料之一。在自然环境中，CO_2 的浓度为 300 微升/升左右，能维持作物正常的光合作用。各种作物对 CO_2 的吸收存在补偿点和饱和点。在一定条件下，作物光合作用吸收的 CO_2 量和呼吸作用放出的 CO_2 量相等，此时的 CO_2 浓度称为 CO_2 补偿点；随着 CO_2 浓度升高光合作用也会增加，当 CO_2 浓度增加到一定程度，光合作用不再增加，此时的 CO_2 浓度被称为 CO_2 饱和点；长时间的 CO_2 饱和浓度可对绿色植物光合系统造成破坏而降低光合效率。把低于饱和浓度可长时间保持较高光合效率的 CO_2 浓度称为最适 CO_2 浓度，最适 CO_2 浓度一般为 600～800 微升/升。

同样，作物生命活动需要氧气，尤其在夜间，光合作用因为黑暗的环境而不再进行，呼吸作用则需要充足的氧气。地上部分的生长需氧来自空气，而地下部分根系的形成，特别是侧根及根毛的形成，需要土壤中有足够的氧气，否则根系会因为缺氧而窒息死亡。此外，在种子萌发过程中必须要有足够的氧气，否则会因酒精发酵毒害种子使其丧失发芽力。

有害气体主要指的是氨气、二氧化氮、二氧化硫、乙烯、邻苯二甲酸二异丁酯等气体。设施具有半封闭性，在低温季节，温室大棚经常密闭保温，很容易积累有毒气体造成危害。如当大棚内氨气太多时，植株叶片先端会产生水渍状斑点，继而变黑枯死；当二氧化氮达 2.5～3 微升/升时，叶片发生不规则的绿白色斑点，严重时除叶脉外，全叶都被漂白。

第三章　日光温室蔬菜平衡施肥技术

在日光温室蔬菜生产中，尤其是连续种植3年以上日光温室的农户频频反映说，花了许多钱，买了最好的肥料、施到棚里，就是不见蔬菜长势好、结果多，甚至好像生了病……这种异常现象的出现大多是盲目滥施化肥的恶果，盲目超量滥施化肥，一是造成土壤营养平衡失调，有的养分富集，有的养分缺失，抑制了作物健康生长结果，发生生理性病害；二是造成土壤板结、耕种性变劣、次生盐渍化、地力衰退；三是造成土壤和水体氮素等污染，蔬菜品质降低；四是造成肥料利用率低下、肥料投入成本居高不下，生产效益下降。为提高肥料利用率，确保温室安全高效生产和温室蔬菜质量安全，我们针对盲目、超量、滥施化肥的现象，依据多年试验资料和实践经验，提出日光温室蔬菜无公害生产平衡控制施肥技术方案，以供生产者参考。

第一节　日光温室蔬菜平衡施肥技术的概述

一、平衡施肥把握的原则

- 有机与无机相结合，重施有机肥为主；
- 有机物料无害化处理，以做底肥施入为主；
- “适氮、控磷、增钾、补中微”，调节平衡土壤养分供给；
- 肥料集中根际深施覆土，防止氨害，减缓硝化作用；
- 肥水结合、肥随水施，追肥以滴灌水肥一体化供给为主。

二、允许施用的肥料

（一）有机物料

包括作物秸秆、人畜粪便、堆肥、绿肥、饼肥、腐殖酸类等肥料。作物秸秆、人畜粪便等必须经过高温堆沤或发酵腐熟等无害化处理后施用。

（二）化学肥料

氮肥中的尿素、碳酸氢铵等；磷肥中的过磷酸钙、重过磷酸钙、钙镁磷肥等；钾肥中的硫酸钾、钾镁肥等；微量元素中的硼砂、硫酸锌等；复合肥料中的磷酸一铵、磷酸二铵、磷酸二氢钾等；以上述无机肥为原料制成的复混肥料；由以上所述的有机肥料与无机肥料混合制成的有机无机肥料等。

（三）微生物肥料

获得农业部登记证的生物菌剂、微生物肥料，包括固氮菌肥、根瘤菌肥，磷细菌肥料、钾细菌肥料、复合微生物肥料等。

（四）其他肥料

获得农业部门登记证的不含化学合成激素的新型肥料，包括叶面肥、冲施肥等。

三、禁止施用或限量施用的肥料

（一）禁止施用的肥料

不符合国家有关标准、未办理登记手续的肥料；未经无公害化处理的有机物料，含有激素，重金属超标的对蔬菜品质和土壤环境有害的肥料，如城市工业或生活垃圾、污泥、工业废渣、医院粪便垃圾等。

（二）限量施用的肥料

硝态氮肥和含氯化肥料。蔬菜应控制硝态氮肥和含氯化肥的施用，特别在根菜类和叶菜类蔬菜上禁止施用硝态氮肥，在忌氯作物禁止施用含氯化肥。

四、滴灌施肥注意事项

（一）注意事项

（1）不溶、溶解度低或在某种条件下极易发生反应、产生沉淀的肥料尽量不施用。若要施用在施用前要做观测试验，以便了解堵塞滴孔的可能性。

（2）肥料应首选用滴灌专用肥或速溶性肥料，且一次施肥量不要过多。施肥时，先将肥料进行充分溶解，经过滤沉淀后再倒入施肥罐。

（3）施肥时，待滴灌系统运行正常后，打开施肥阀施肥，滴灌系统运行一段时间，应打开过滤器排污阀排污，施肥罐内的残渣要经常清洗除去。

（4）施肥是否完成可通过施肥罐内液体的颜色变化来确定。施肥过程中，若发现供水中断，应尽快关闭施肥罐上的阀门，防止肥液倒流。

（5）施肥结束后，应持续一段时间滴灌清水，将残留肥料全部冲洗干净，防止肥料沉积堵塞滴孔口。每年灌溉季节过后，应将整个滴灌系统冲洗干净后妥善保管，以延长其使用寿命。

（二）滴灌推荐用肥

常规肥料配施宜选用尿素、水溶性硫酸钾、硝酸钾（限量施用）、硝酸钙（限量施用）、磷酸二氢钾、工业级磷酸一铵及高钙钾宝（13-2-14）、植物黄金钾（14-2-12）、高钙高钾（12-4-6）等可溶性强肥料。

推荐施用金久丰奶肥（20-15-20，钙≥5、硼≥3、锌≥2）、瑞莱全营养水溶肥［20-10-20，17-5-17-3（钙）］、谷雨系列水溶性肥、银天化滴灌冲施肥（20-10-15，25-5-10，25-8-12）、上海绿乐多元素滴灌冲施肥、沃力丰（14-8-25）、天瑞磷钾铵（13-20-15）等专用滴灌肥。

第二节　主要蔬菜作物施肥灌溉技术

棚室土壤供肥能力约为氮20%、磷20%、钾60%，肥料当季利用率为氮40%～45%、磷20%、钾50%。

一、西葫芦施肥技术

生产1 000千克西葫芦需纯氮4千克，五氧化二磷1.7千克，氧化钾5.3千克。按亩产西葫芦6 000千克计算，需补施纯氮45千克，五氧化二磷40千克，氧化钾25千克。参考施肥方法如下。

（一）基肥

定植前结合深翻土壤，亩施优质农家肥5 000～6 000千克，普通过磷酸钙150千克，尿素20千克，硫酸钾10千克（也可施用有效成分含量相同的其他肥料）。农家肥和普通过磷酸钙混合发酵以后以撒施为主，也可留出20%结合起垄对准定植行集中沟施；其他化肥2/3撒施，1/3结合起垄对准定植行集中沟施。肥料撒施后深翻25～30厘米，使肥料与土壤混匀，然后整地做垄。

（二）膜下暗灌追肥

定植时浇定植水，3～5天后浇缓苗水。根瓜坐住前控水促根，一般不浇水。根瓜采收前根据土壤墒情和植株长势确定灌水时间，第一次灌水时不追肥，以后每10～15天浇水施肥1次，每亩每次追施纯氮4千克、五氧化二磷1.8千克、氧化钾2.2千克。

（三）膜下滴灌追肥

在灌足定植、缓苗水的前提下，根瓜坐住前控水促根，一般不浇水。根瓜采收前开始灌水，第一次滴清水，不加肥。以后每 7～10 天滴灌肥水 1 次，肥料以滴灌专用氮钾复合肥为主。灌水时间以晴天上午为主，灌水量以每亩 5～8 立方米为宜，每亩每次随水追施纯氮 2.5 千克、五氧化二磷 1 千克、氧化钾 1.4 千克。

二、黄瓜灌溉施肥技术

生产 1 000 千克黄瓜需纯氮 3.0 千克，五氧化二磷 0.8 千克，氧化钾 3.8 千克。按亩产黄瓜 8 000 千克计算，亩需补施纯氮 45 千克，五氧化二磷 25 千克，氧化钾 25 千克。参考施肥方法如下。

（一）基肥

定植前结合深翻土壤，亩施优质农家肥 5 000 千克，普通过磷酸钙 150 千克，尿素 20 千克，硫酸钾 10 千克（也可施用有效成分含量相同的其他肥料）。农家肥和普通过磷酸钙混合发酵以后以撒施为主，也可留出 20%结合起垄对准定植行集中沟施；其他化肥 2/3 撒施，1/3 结合起垄对准定植行集中沟施。肥料撒施后深翻 25～30 厘米，使肥料与土壤混匀，然后整地做垄。

（二）膜下暗灌追肥

定植时浇定植水，3～5 天后浇缓苗水。根瓜坐住前控水促根，一般不浇水。根瓜坐住后根据土壤墒情和植株长势确定灌水时间，第一次灌水时不追肥，以后每 10～15 天浇水施肥 1 次，每亩每次追施纯氮 3.5 千克、氧化钾 2 千克。

（三）膜下滴灌追肥

在灌足定植、缓苗水的前提下，根瓜坐住前控水促根，一般不浇水。根瓜采收前开始灌水，第一次滴清水，不加肥。以后每 7～10 天滴灌肥水 1 次，肥料以滴灌专用氮钾复合肥为主。灌水时间以晴天上午为主，灌水量以每亩 5～8 立方米为宜，每亩每次随水追施纯氮 2.5 千克、氧化钾 1.3 千克。

三、番茄施肥技术

生产 1 000 千克番茄需纯氮 3 千克，五氧化二磷 0.8 千克，氧化钾 5.0 千克。按亩产番茄 8 000 千克计算，需补施纯氮 45 千克，五氧化二磷 25 千克，氧化钾 32 千克。参考施肥方法如下。

（一）基肥

亩施充分腐熟的优质农家肥 6 000 千克，普通过磷酸钙 150 千克，尿素 20 千克，硫酸钾 10 千克（也可施用有效成分含量相同的其他肥料）。农家肥和普通过磷酸钙混合发酵以后以撒施为主，也可留出 20%结合起垄对准定植行集中沟施；其他化肥 2/3 撒施，1/3 结合起垄对准定植行集中沟施。肥料撒施后深翻 25～30 厘米，使肥料与土壤混匀，然后整地做垄。

（二）膜下暗灌追肥

定植时灌稳苗水，3～5 天后灌缓苗水。第一穗果实膨大时开始灌水，第一次灌水时不追肥，以后每 10～15 天浇水施肥 1 次，每亩每次追施纯氮 4 千克、氧化钾 3 千克。灌水宜在晴天上午进行，每亩灌水量以 10～15 立方米为宜。

（三）膜下滴灌追肥

定植时浇稳苗水，3～5 天后浇缓苗水。第一穗果实膨大时开始灌水，第一次滴清水，不加肥。以后每 7～10 天滴灌肥水 1 次，肥料以滴灌专用氮钾复合肥为主。灌水时间以晴天上午为主，灌水量以每亩 5～8 立方米为宜，每亩每次随水追施纯氮 2.7 千克、氧化钾 2 千克。

四、辣椒施肥技术

生产 1 000 千克辣椒需纯氮 5.5 千克，五氧化二磷 1.1 千克，氧化钾 7.0 千克。按亩产辣椒 3 000 千克计算，需补施纯氮 30 千克，五氧化二磷 13 千克，氧化钾 17 千克。参考施肥方法如下。

（一）基肥

亩施充分腐熟的优质农家肥 5 000 千克，普通过磷酸钙 85 千克，尿素 20 千克，硫酸钾 10 千克（也可施用有效成分含量相同的其他肥料）。农家肥和普通过磷酸钙混合发酵以后以撒施为主，也可留出 20%结合起垄对准定植行集中沟施；其他化肥 2/3 撒施，1/3 结合起垄对准定植行集中沟施。肥料撒施后深翻 25～30 厘米，使肥料与土壤混匀，然后整地做垄。

（二）膜下暗灌追肥

定植时灌稳苗水，3～5 天后灌缓苗水。门椒坐住后开始灌水，第一次灌水时不追肥，冬季 20 天左右浇 1 次水，春季和秋季 15 天左右灌 1 次水，每亩每次追施纯氮 4 千克、氧化钾 2.3 千克。灌水宜在晴天上午进行，每亩灌水量以 10～15 立方米为宜。

（三）膜下滴灌追肥

定植时浇稳苗水，3～5 天后浇缓苗水。此后一般不再灌水，门椒坐住后开始灌水，冬季 15 天左右灌 1 次水，春季和秋季 10 天左右灌 1 次水，第一次滴清水，不加肥。肥料以滴灌专用氮钾复合肥为主，每亩每次随水追施纯氮 3 千克、氧化钾 1.7 千克。灌水时间以晴天上午为主，灌水量以每亩 5～8 立方米为宜。

五、中、微量元素肥料施用

针对作物表现出的生理性病害症状，对棚室土壤测试和植株营养诊断。依据测试和诊断结果，补施相应的中、微量元素肥料。在重施高质量、充分腐熟的猪粪、羊粪、厩肥等的基础上，基施一定量的钙肥、锌肥和中微量元素复合肥等；在作物结果生产期，针对缺素症状，采取叶面喷施、滴灌溶施或暗沟冲施相应的中微量元素复合肥。

第四章　日光温室蔬菜生产农药安全使用技术

日光温室生产中病虫害严重发生时，需要化学农药来控制。在施药防治中，选哪种农药、用什么样的剂型、用哪种方式施药、应注意什么问题等，是无公害生产中合理安全使用农药的基本要求，是每一个农民必须掌握的知识。

第一节　农药基本知识

一、农药的类别

根据防治对象农药可分为：

• 杀虫剂——如敌敌畏、抗蚜威、溴氰菊酯、氯氰菊酯、吡虫啉等。

• 杀螨剂——如克螨特、哒螨灵、四螨嗪等；

• 杀菌剂——如多菌灵、百菌清、甲霜灵、杀毒矾、霜脲锰锌等；

• 杀线虫剂——如线克、噻唑膦等；

• 杀鼠剂——如溴敌隆、敌鼠钠盐、杀鼠灵等；

• 植物生长调节剂——如番茄灵、乙烯利、多效唑（PP333）等。

二、农药的剂型

可湿性粉剂（WP）　将常温下固体的原药、湿润剂和填料，经机械研磨、混匀而制成的粉状制剂。使用时用水配成悬浮剂喷雾，也可用于灌根、土壤处理、药剂拌（浸）种。如多菌灵、百菌清、甲基托布津、代森锰锌、粉锈宁等杀菌剂。

粉尘（DP） 专用于温室喷粉的剂型，其加工的细度较粉剂要高得多，喷粉后可在温室内形成飘尘，弥漫于温室空间，可降低室内湿度。如5%百菌清粉尘、7%叶霉净粉尘、6.5%乙霉威粉尘等。

悬浮剂（SC） 将原粉、润湿剂、悬浮剂、分散剂混合，在水中经多次研磨而成。贮存时间较长时会在瓶中出现沉淀现象。用于温室喷雾或灌根、施用时需摇匀方可使用。如20%、50%四螨嗪悬浮剂、43%戊唑醇悬浮剂、50%扑海因悬浮剂、45%噻菌灵悬浮剂等。

乳油（EC） 用原药、乳化剂和溶剂按一定的比例加工制成的单相均匀液体，加水后可形成乳状液。有效成分含量高、在植物表面润湿性好、黏着性强、药效高、使用方便、性质稳定等优点，但易燃。温室中土壤处理、药剂拌种、灌根和喷雾常用的杀虫剂和杀菌剂多是该剂型。

水剂（AS） 一些能够溶于水的原药，直接用水配制而成的剂型。制剂的浓度仅取决于有效的水溶解度，一般在使用时再加水稀释。用于温室喷雾或灌根。如77%氢氧化铜水剂、2%春雷霉素水剂、5%菌毒清水剂等。

烟剂（FU） 用原药、燃料、氧化剂、消燃剂等成分制成的粉状混合物，点燃后能够燃烧，但不产生明火。农药的有效成分因受热而气化，在空气中冷却后凝聚成固体微粒，沉积在植物和病虫体上而被病虫吸收起到毒杀作用。同时使用烟剂可降低室内湿度，是温室专用的剂型。如2.5%百菌清烟剂、45%百菌清烟剂、45%腐霉利烟剂、10%异·吡烟剂等。

油剂（OL） 超低容量喷雾用的剂型，不加水直接使用，但必须用专用喷雾器。如10%百菌清油剂等。

颗粒剂（GR） 用原药、载体和辅助剂制成的颗粒状制剂，分为遇水不能分散开的非解体性颗粒剂和遇水能分散开的解体性颗粒剂两种。其特点是可控制有效成分的释放速度，延长持效期，主要用于土壤处理，防治土传病害和地下害虫。如5%甲霜灵颗粒剂等。

三、农药的毒性

农药的毒性是指农药损害生物的能力。毒性产生的损害则称为毒性作用或毒效应。农药一般都是有毒的，其毒性大小通常用对试验动物的致死中毒量、致死中浓度表示。农药毒性分级标准为四级，即剧毒、高毒、中等毒和低毒。农药的毒性在农药标签上除低毒只用红字注明“低毒”外，其他毒性均用图标表示，同时又用红字注明“剧毒、高毒、中毒”，以便于使用者选择使用。

四、农药的安全间隔期

农药安全间隔期为最后一次施药至作物收获时允许的间隔天数，即收获前禁止使用农药的日期。大于安全间隔期施药，收获农产品中的农药残留量，不会超过规定的允许残留量，可以保证食用者的安全。

第二节　农药的选择

严格遵守国家颁布的《农药管理条例》，决不能使用国家禁用的高毒、高残留农药，在国家允许有限制地使用限定的农药中选用对路的农药。

一、严禁使用的农药

严禁使用剧毒、高毒、高残留农药有：六六六、DDT、甲胺磷、呋喃丹、1605、3911、氧化乐果、杀虫脒、杀扑磷、甲基异柳磷、涕灭威、灭多威、磷化锌、久效磷、磷胺、有机汞制剂等。

二、推荐使用的农药

推荐使用的高效、低毒、低残留化学类杀虫、杀螨剂有：敌百虫、辛硫磷、乐斯本、氯氰菊酯、溴氰菊酯、氰戊菊酯、克螨特、双甲脒、尼索朗、避蚜雾、抑太保、吡虫啉、哒螨灵、杀灭菊酯、中保杀螨、灭幼脲、除虫脲等。化学类杀菌剂有：波尔多液、DT、可杀得、多菌灵、百菌清、甲基托布津、代森锰锌、乙磷铝、甲霜灵、磷酸三钠、烯唑醇、异菌脲、腐霉利、霜霉威、恶霉灵、乙霉威、乙烯菌核利、氢氧化铜、琥胶肥酸铜等。

三、优先使用生物农药

常用的生物杀虫杀螨剂有：Bt、阿维菌素、浏阳霉素、华光霉素、茼蒿素、鱼藤酮、苦参碱、藜芦碱等；杀菌剂：井冈霉素、春雷霉素、多抗霉素、武夷菌素、农用链霉素等。

四、巧用非药剂物质

利用日常常见的非药剂物质也可控制病虫的发生。如800～1 000倍液的尿洗合剂（1份尿素、0.2份洗衣粉、100份水混合而成）、石灰烟草水（石灰少许浸泡烟草一昼夜过滤而成）等，对蚜虫有较好的防效；用100～150克碳酸氢铵加水15千克喷雾，可防治黄瓜霜霉病；将20～30克大蒜、洋葱捣碎成泥状，加10千克清水充分搅拌，取其过滤液进行喷雾，对蚜虫、红蜘蛛均有很好的防治效果。

第三节　农药的使用方法

一、喷雾施药

喷雾法是通过喷雾器械将药液直接雾化附着在植物或虫体上，达到防病治虫的目的。真菌性病害，多数病菌聚集在叶片背面，故应把喷头朝上，并伸向叶内喷洒；红蜘蛛、白粉虱、蚜虫等害虫常潜伏或产卵于叶片背面，故喷药的重点部位应是叶片背面；有翅蚜等害虫喜欢侵害幼嫩的心叶、初开的花朵，喷药时应注意这些部位。白粉虱等迁飞活跃的害虫，在清晨有露水时活动迟缓，此时有利喷药灭杀。

二、粉尘施药

粉尘用药法就是用喷粉器将粉尘剂喷洒室内，使其形成飘尘，增加在空气中悬浮时间，在瓜菜表面有更多的沉积量，从而提高防效。药械可用丰收 5 型或 10 型喷粉器。喷粉作业时由里往外，人要退行，均匀摇动把柄。施药在早晨或傍晚为宜，早晨用药应有一定的沉积时间，约 1 小时后开温室为宜。如 5％百菌清粉尘，可防治灰霉病、炭疽病、黑斑病、菌核病、叶斑病；7％叶霉净粉尘，可防治番茄叶霉病。注意，可湿性粉剂不能用于温室喷粉。

三、烟雾施药

烟雾法是利用燃烧所产生的烟将药剂随烟分散到植株体或病虫体上的一种施药方法。一般在傍晚将烟剂放地上，点燃后引致发生烟雾。为防止烟雾气流干扰和飘出，烟雾放置后，由里向外逐个点燃，并密闭温室过夜，第二天早晨打开温室，再从事正常的农事操作。如 45％百菌清烟雾剂亩用药量为 200～

250克，可防治黄瓜霜霉病、番茄早疫病等病害；20%速克灵烟雾剂亩用量为300克，可防治瓜菜灰霉类病害。所有定型和混配的烟剂均不再稀释使用。

四、土壤处理

（一）全面施药

将药剂对水均匀地喷洒地表或配制成毒土均匀撒施后随即翻耕，使药剂分散到土壤耕层内。如定植前，每亩可用50%多菌灵可湿性粉剂2千克，与干沙土拌匀后撒，对土壤中进行消毒。防治蔬菜根结线虫病可于种植前每亩用10%噻唑磷颗粒剂1.5～2.0千克，拌细土40～50千克，均匀撒施于土表或畦面，然后翻入15～20厘米耕层，施药后当日可播种或定植。注意，土壤处理应使药剂均匀混入土中，以防药害发生。

（二）局部施药

将药剂直接撒于播种沟（穴）中，或向植株根部浇灌药液进行灌根。如防治瓜类枯萎病时，可在病害发生初期，用50%多菌灵可湿性粉剂500倍液或70%甲基托布津可湿性粉剂400倍液灌根，每株用药液250～500毫升。

五、药剂浸蘸

浸蘸法就是将药剂（乳油、水剂、可湿性粉剂等）加水稀释后，通过种子浸种、苗木蘸根、植株蘸花来预防病虫、促根促芽和保花保果。浸种：瓜菜作物播种或育苗前必须对种子进行严格的消毒处理。番茄、西葫芦等种子先用清水浸泡3～4小时，再用10%磷酸三钠溶液浸泡20分钟，捞出洗净，可防治病毒病。黄瓜、茄子等种子用50%多菌灵可湿性粉剂500倍液浸种1小时，可防治真菌病害。

（一）蘸根

瓜菜作物定植时用50%多菌灵可湿性粉剂500倍液蘸根，或用0.3%多抗霉素水剂80～120倍液，可防治枯萎病；用100倍液病毒疫苗N14蘸根半小时，可防治病毒病；用400～500倍液金雷多尔蘸根可防治苗期猝倒病。

（二）蘸花

使用防落素、番茄灵等植物生长调节剂处理花穗，可提高番茄的座果率。同时在溶液中加入50%腐霉利可湿性粉剂或50%异菌脲可湿性粉剂或30%施佳乐悬浮剂等1 000倍液蘸花可防治灰霉病等。

六、药剂涂抹

将内吸性的高浓度药液（也可加入矿物油），涂抹在植物茎上，使植物内吸这些药剂后达到防治病虫的目的。如瓜类蔓枯病菌若已侵染茎蔓，引起茎蔓腐烂，可用50%甲基托布津可湿性粉剂拌成糊状，涂抹在病部；茄果类蔬菜黄萎病、枯萎病发生后，可将多菌灵或甲基托布津可湿性粉剂稍加水做成膏状涂在病部。

第四节　合理使用农药

一、对症下药

农药种类很多，每种农药都有各自的防治对象。在使用某种农药前，一是要确诊作物发生的什么病害、什么虫害。如果自己确诊不了，可通过热线电话向专家、技术人员咨询，并请他们到温室诊断指导。二是必须了解选用农药的性能、使用范围及注意事项，做到对症下药。就杀虫剂来讲，胃毒剂只对咀嚼式口器害虫有效，但防治刺吸式口器害虫则无效；保护剂主要用于预防，病害发生前使用才有效；治疗剂在病害发生初期使用效果则最佳。不论是杀虫剂、还是杀菌剂，并不是哪个虫、哪个病都能防、都能治。如扑虱灵对白粉虱若虫有特效，而对同类害虫蚜虫则无效；抗蚜威对桃蚜有特效，防治瓜蚜（棉蚜）效果则差；甲霜灵（瑞毒霉）对各种蔬菜霜霉病、早疫病、晚疫病等高效，但不能防治白粉病。

二、适期用药

要以最少的药剂取得最好的防效，就必须把农药用到火候上。既不能用“太平药”“保险药”，也不能用“事后药”，切实做到适时用药。如蔬菜、瓜类播种或移栽前，应采取苗床、温室施药消毒、土壤处理和药剂拌种、药剂蘸根等措施；当蚜虫、螨类点片发生，白粉虱低密度时可采用局部施药；防治气流传播病害，应在初见发病中心时先局部封锁处理控制。不同的农药防治适期也不一样。如生物农药作用较慢，使用时应比化学农药提前2～3天。

三、科学混配

采用混合用药方法，可达到一次施药控制多种病虫为害的目的。但要把握保持原药有效成分稳定、或有增效作用、不产生剧毒并具有良好的物理性状的原则，进行科学混配。如扑海因（异菌脲）不能与速克灵、乙烯菌核利混用或轮用；速克灵不宜与有机磷农药混配；多菌灵、甲基托布津不能与含铜制剂混用；乙磷铝与代森锰锌、多菌灵混用能提高防效等。

四、轮换用药

提倡不同剂型、种类的农药合理轮换使用，以免病虫产生抗药性。如菊酯类杀虫剂、甲霜灵连续使用易使虫、病产生抗药性，应与其他类型的杀虫剂或杀菌剂交替使用。

五、正确选择施药部位

施药时要根据不同时期不同病虫害发生特点，有针对性地确定施药点和植株施药部位，减少用药，提高防治效果。如晚疫病通常首先在棚室的前部（南端）作物上发生，所以，应及时在前部作物上喷药防治。霜霉病的发生是由下部叶片向上发展，早期防治霜霉病的重点在下部叶片，可以减轻上部叶片染病。蚜虫、白粉虱等害虫栖息在幼嫩叶子的背面，因此，喷药时必须均匀，喷头向上，重点喷叶背面。

六、遵守施药安全间隔期

最后一次使用农药的日期距离蔬菜采收日期之间，应有一定的间隔天数，防止蔬菜产品中残留农药。通常做法是夏季至少为 6～8 天，春秋季至少为 8～11 天，冬季则应在 15 天以上。

第五章　日光温室瓜类蔬菜标准化生产技术

我国栽培的瓜类蔬菜有10余种，其中较为重要且栽培面积较大的有黄瓜、西葫芦、瓠瓜、中国南瓜、苦瓜、丝瓜等，以上几种为春末至秋季的主要蔬菜。瓜类蔬菜种类品种繁多，口味各异，风味独特，富含糖类、维生素、蛋白质、脂肪及矿物质等多种营养物质，既可生食、熟食，又可加工国内外销售。

第一节　日光温室黄瓜高效生产技术

一、黄瓜的属性

黄瓜，也称胡瓜、青瓜，是葫芦科甜瓜属一年生草本攀援植物。

原产于喜马拉雅山脉南麓热带雨林地区，黄瓜栽培普遍，历史悠久，是一种世界性蔬菜。黄瓜在我国已有两千多年的栽培历史，全国各地均有种植。设施栽培黄瓜面积最大，节能日光温室冬春茬黄瓜单产，一般为5 000～8 000千克/亩，最高已突破2.5万千克/亩，可见增产潜力极大。

黄瓜营养丰富，含有人体所需的各种维生素和矿物质，具有清香、脆嫩、淡泊、爽口的特点。适宜生吃、凉拌、熟食、泡菜、盐渍、糖渍、酱渍、制干和制罐等，各种食法都别具风味，为果菜兼用的蔬菜，深受人们喜爱。黄瓜所含的纤维素非常娇嫩，在促进肠道中残渣排泄和降低胆固醇方面有一定的作用。

黄瓜味甘性凉，能清血除热、利尿解毒。鲜黄瓜含有丙醇二酸，可抑制糖类物质转变为脂肪，因此多吃黄瓜还可以减肥。此外，黄瓜还含有黄瓜酶。这种酶具有生物活性，能促进机体的新陈代谢，久用黄瓜片或其汁液擦脸，有极好的美容效果。

二、日光温室黄瓜品种选择

越冬茬应选择耐低温、早熟、抗病、丰产、商品性好的品种，目前较为适宜的有博耐 33 号、博耐 13 号、津优 30 号等；砧木选用云南黑籽南瓜为宜。

三、日光温室黄瓜茬口安排

（一）黄瓜设施栽培茬口安排原则

茬口安排追求经济效益最大化。

盛瓜期安排在气候最适宜的季节。

提高保护设施的利用率。

与其他蔬菜轮作倒茬，以减轻病虫累积和土壤次生盐渍化趋重等问题。

（二）华北地区黄瓜常见茬口安排（表 5-1）

表 5-1　华北地区黄瓜常见茬口安排

茬口	播种期	定植期	收获期
日光温室冬春茬	12 月上旬至下旬	1 月下旬至 2 月上中旬	2 月下旬/3 月上旬至 5/6 月
日光温室秋冬茬	8 月中旬至 9 月初	9 月中下旬	10 月中下旬至第二年 1 月
日光温室冬茬	9 月中旬至 10 月中旬	10 月中旬至 11 月中下旬	11 月上旬至第二年 5/6 月
大中棚春提前——单膜	2 月上中旬	3 月下旬至 4 月初	4 月下旬至 6/7 月

（续表）

茬口	播种期	定植期	收获期
大中棚春提前——三膜	1月中下旬	3月上旬	4月初至6/7月
大棚秋延后	7月下旬	—	9月下旬至11月上旬
小棚春提前	2月中下旬	4月上旬	5月上旬至7月
地膜双覆盖春提前	2月中下旬	4月上旬	5月上旬至7月

四、日光温室黄瓜栽培技术

（一）育苗

1. 苗床准备

用3年内未种过瓜类作物的肥沃田园土和充分腐熟的有机圈肥破碎过筛后，按7∶3的比例混合均匀，同时每立方米营养土中均匀加入100克50%多菌灵消毒。将配制好的营养土做成宽1.2米的苗床，长度根据用苗多少确定（每平方米可育苗100株），并留少许营养土待播种后盖种。每平方米苗床还可用68%金雷水分散粒剂5～10克或50%多菌灵可湿性粉剂8克均匀拌入营养土中消毒，或者每平方米苗床上用30～50毫升福尔马林对水3升喷洒消毒，喷洒后用塑料薄膜闷盖3天即可。

2. 种子处理

用55℃温水浸种15分钟，杀死大部分真菌；用10%磷酸三钠浸种20分钟，可防治病毒病。

3. 催芽

消毒的种子在28～30℃的温箱中催芽24小时。黑籽南瓜催芽方法同黄瓜。

4. 播种

每亩用黄瓜种子 100～150 克，黑籽南瓜 1.5 千克；当催芽种子 80%以上露白时即可进行播种。选晴天上午播种，先将床土洒水湿透后播种，黄瓜密度 3 厘米×3 厘米，黑籽南瓜 5 厘米×5 厘米。播后覆 1.5 厘米的营养土，再盖上地膜，气温保持在 28～30℃，地温 25℃以上，出苗后立即降温，白天气温 23～25℃，夜间气温 12～15℃。黑籽南瓜在黄瓜二叶一心时播种，时间一般在黄瓜播种后 5～7 天播种，管理方法与黄瓜相同。南瓜子叶展平后就可嫁接。

5. 嫁接

嫁接方法目前普遍采用的是靠接法，出苗约经 10～13 天可嫁接，嫁接选晴天上午进行，接后立即栽入苗床。苗床上扣小拱棚，前 3 天湿度保持在 95%以上（膜上有水珠），白天温度控制在 25～30℃，夜间 17～20℃；3 天后逐渐通风，白天 20～25℃，夜间 14～18℃；一周后加大通风量，直至揭去拱棚，转入正常管理；10 天后可试断根，若无萎蔫则全部断根；定植前一周加大昼夜温差，低温锻炼苗，培育壮苗，白天 20～22℃，夜间 8℃左右。

（二）定植前的准备

1. 整地施肥

亩施优质农家肥 10 000 千克，腐熟的油饼 200 千克，过磷酸钙 150 千克，尿素 20 千克，硫酸钾 30 千克，80%撒施后翻入土壤，浇水焖棚，20%起垄时对准定植行开沟集中施用。

2. 温室消毒

定植前 7～10 天，亩用 2～3 千克硫磺粉加锯末进行熏蒸消毒，或每平方米空间用 75%达克宁（百菌清）可湿性粉剂 1 克加80%敌敌畏乳油0.1克与锯末混匀后点燃，密闭温室熏蒸一昼夜。每亩土壤可用50%多菌灵可湿性粉剂2千克与干土或细沙拌匀后撒入土壤中进行消毒。

（三）定植

1. 定植时间

定植时间以苗龄35天左右，株高15～20厘米，茎粗0.8厘米以上、嫁接后长出3～4片真叶时为宜。

2. 定植方法

南北向作垄，高垄栽培，垄高20～25厘米，垄面宽80厘米，沟宽40厘米，垄做好后在垄上开宽25厘米、深10～15厘米的暗灌沟。120厘米种植一垄按行株距50厘米×30厘米，亩栽苗3 600株左右。定植时将苗子带土砣放入定植穴，在穴内浇水稳苗，待水渗完后将苗子摆正培土，定植后覆盖地膜。

（四）定植后的管理

1. 温度管理

定植至缓苗，白天25～30℃，夜间15～20℃；缓苗后，白天25℃左右，超过25℃时防风，排湿降温，降至20℃时关闭风口，日落前盖帘保温。前半夜15～20℃以上，后半夜13～15℃，早晨揭帘前保持8～10℃。当外界气温稳定在10℃以上时整夜通风。

2. 水肥管理

定植后浇缓苗水，缓苗后控水促根。根瓜采收前浇1次小水，不追肥；以后根据外界气温和土壤湿度10～15天浇1次水，结合浇水亩追施尿素10～15千克、磷酸二氢钾5千克（或生物钾肥10千克）；还可从根瓜坐住后用植物生命素300倍液、或复合型磷酸二氢钾200倍液叶面追肥，10天1次。

3. 光照管理

为保证每天 8 小时以上的光照时间，在温度允许的条件下早揭晚放草帘，并揭帘后及时擦去膜面上的灰尘、杂物，遇到雨雪天气过后及时揭帘，增加散射光。

4. 植株调整

黄瓜长至 7～8 片叶时吊蔓，生长点长到接近温室膜面时及时落蔓。并在平常的管理过程中及时摘除老叶、黄叶、病叶、过多的雄花和卷须。

5. 适时采收

根瓜长到 20 厘米长时要及时采收，一般瓜条长度达到 20～25 厘米即可采收，盛瓜期 3～4 天采收 1 次，采收一般在清晨拉帘后进行。采收后的瓜条应根据市场需求分级包装。分级后的瓜条预冷后整齐装入衬有塑料薄膜的纸箱中，每箱以不超过 20 千克为宜。也可按客户要求进行包装。

五、常见病虫害及防治

（一）农业防治

选用抗病丰产品种，合理轮作倒茬，加强水肥管理，科学调温控湿，认真做好棚内卫生，及时清理老、病、残叶。

（二）物理防治

（1）在夏季温室休闲时深翻土壤，灌足水后密闭温室 15 天左右，有利用高温、窒息作用，杀灭土壤中的有害生物。

（2）在温室风口覆盖防虫网，阻挡斑潜蝇、蚜虫等棚外害虫飞进棚内。

（3）温室内张挂黄板和银灰色塑料膜，诱杀蚜虫、斑潜蝇、白粉虱等害虫。

（三）药剂防治

1. 猝倒病

发病前后可用75%达克宁可湿性粉剂或68%金雷水分散颗粒剂或68.75%银发利悬浮剂或64%杀毒矾可湿性粉剂喷洒苗基部及土表，连续2～3次，以上方法对立枯病也有效。

2. 霜霉病

发病前可用75%达克宁可湿性粉剂、25%阿米西达悬浮剂等农药喷雾预防；中心病株出现后，及时摘除病叶，并用72%克露可湿性粉剂或68%金雷水分散颗粒剂或68.75%银发利悬浮剂或72.2%普力克水剂或52.5%金纳海水分散颗粒剂或64%杀毒矾可湿性粉剂等药剂喷雾防治。阴雨雪天或灌水后，可用百菌清粉尘剂或烟剂熏棚10小时预防。

3. 灰霉病

发病初期，可用45%百菌清或腐霉利烟剂熏蒸10小时防治；坐果期结合蘸花加入0.3%的40%施佳乐悬浮剂或0.1%的50%速克灵可湿性粉剂进行防治；喷雾用50%速克灵可湿性粉剂或40%施佳乐悬浮剂等药剂，一般每隔7～10天用药1次，视病情连续防治2～3次。

4. 白粉病

发病初期，可用10%世高水分散粒剂或40%福星乳油或75%达克宁可湿性粉剂喷雾防治，一般每隔7～10天用药1次，视病情连续防治2～3次。

5. 细菌性角斑病和细菌性缘枯病

发病初期，可用53.8%可杀得干悬浮剂或72%农用链霉素水剂或50%琥胶肥酸铜可湿性粉剂喷雾防治。

6. 蚜虫

用10%吡虫啉可湿性粉剂喷雾防治。

7. 白粉虱

可用10%吡虫啉可湿性粉剂或25%阿克泰水分散粒剂等喷雾防治。

8. 斑潜蝇

可用75%灭蝇胺可湿性粉剂喷雾防治。

9. 害螨

可用73%克螨特乳油或24%螨危悬浮剂喷雾防治。

第二节　日光温室西葫芦高效生产技术

一、西葫芦属性

西葫芦别名美洲南瓜、搅瓜、北瓜等，是世界上主要蔬菜种类之一。

果实含糖、淀粉、维生素A、维生素E较多，种子含油量达30%，具有较高的营养价值。

西葫芦性甘温，具有消炎止痛、解毒等功效，常食用瓜子对治疗胃病、糖尿病、降低血脂等均有一定疗效。

西葫芦多以嫩果炒食或做馅，种子可加工成干香食品。

二、日光温室品种选择

品种一般选用植株较小、株形紧凑、抗逆性强、丰产优质、抗逆性强、瓜条整齐、商品性好的品种。目前日光温室生产上应用较多的品种有冬秀系列、冬玉系列、法拉丽等品种。

三、日光温室栽培技术

西葫芦种植可选择秋冬茬和早春茬。秋冬茬一般在8月上旬育苗或催芽直播，9月下旬到10月初始收，翌年1月下旬拉秧；早春茬一般在 12 月初育苗，翌年 1 月初在前茬株间空隙处定植，挂果后将前茬拉秧，2 月初上市，5 月拉秧。

四、日光温室西葫芦栽培技术

（一）育苗

1. 苗床准备

用 3 年内未种过瓜类作物的肥沃田园土和充分腐熟的有机圈肥破碎过筛后，按 7∶3 的比例混合均匀，同时每立方米营养土中均匀加入 0.5 千克磷酸二铵和 100 克 50%的多菌灵。将配制好的营养土做成宽 1.2 米的苗床，长度根据用苗多少确定（每平方米可育苗 100 株），并留少许营养土待播种后盖种。

除苗床育苗外，也可用营养钵、育苗盘或者育苗砣（营养块）育苗，为便于育苗、苗期管理、利于培育壮苗、幼苗移栽、提高移栽成活率，建议一般采用营养钵、育苗盘或者育苗砣育苗。用营养钵、育苗盘育苗时，营养土的配制和苗床育苗相同，育苗砣是根据幼苗的需肥特点而专门生产的，可以直接播种育苗。

2. 浸种催芽

为消灭种皮表面附着的病原菌，在催芽前先将种子在日光下曝晒 1～2 天，用 10%磷酸三钠溶液浸泡 20 分钟，用清水冲洗干净后加入 55～60℃热水，边加边用木棍搅拌，直到水温降至 30℃，保持水温 30℃浸泡种子 6～8 小时，同时剔除浮在水面上的秕籽，捞出后用纱布包起来置于 25～28℃的环境中催芽。催芽期间经常翻动，保持空气通透，常用清水冲洗，保持种子湿润。30 小时后当芽长至 0.1 厘米时（注意芽长最长不能大于 0.3 厘米，否则导致芽尖发黄，影响根系发育），即可播种。

3. 播种

选晴朗天气上午，先将苗床浇透水，待水渗下稍干后将苗床切成 10 厘米×10 厘米的小方块，切痕深度 10 厘米。在土方中央用细棍扎孔深度 0.6～0.8 厘米，将已催出芽的种子平放，然后覆盖 2 厘米营养土。

4. 苗期管理

出苗前温度保持在 25～28℃，以促进出苗。出苗后白天温度保持 20～25℃，夜温 15～10℃，超过 25℃要及时放风排湿，防止徒长。育苗后期白天保持 16～22℃，前半夜 13℃，天亮前 8～6℃。定植前 3～4 天，再将温度降低 1～2℃，以锻炼秧苗，提高秧苗抗寒能力，增强定植后的适应性。

西葫芦秧苗长到 3 叶 1 心至 4 叶 1 心，株高 8～13 厘米，苗龄 20～25 天时即可定植。定植前封棚杀菌。提前半月盖好棚膜，保持棚内温度在 70℃以上，对棚内病菌和虫卵能起到很好的杀灭作用。

（二）定植前的准备

结合精细整地，每亩施腐熟的农家肥料 5 000～10 000 千克（有机肥要充分腐熟，以免生粪烧苗），过磷酸钙 150 千克，硫酸钾 30 千克，尿素 10 千克，翻地 25～30 厘米，做成南北向高垄，垄面宽 100 厘米，垄沟宽 60 厘米，垄高 20～25 厘米，垄中间开暗沟，宽 30 厘米，深 15 厘米，垄面要内高外低，便于拉紧地膜和膜外流水。

（三）定植

选晴天上午定植，定植时，大苗壮苗栽在温室四周或出口处，小苗栽在温室中间。每垄定植 2 行，行距 70 厘米，株距平均 80 厘米，“丁”字形错开定植，南边光照较好可密一些，一般株距 70 厘米，北边因光照较弱可稀一些，一般株距为 85 厘米，亩保苗 1 000～1 100 株。定植时将苗子带土砣挖起或者带土砣从育苗盘、营养钵中取出，在定植穴中摆放好后浇稳苗水，待苗坨散开，水下渗后，填土封穴。当幼苗长到第 4 片真叶时，若发现徒长，可用西葫芦生长控制素进行控制，每亩用1袋西葫芦控制素，加水15千克，均匀喷于叶片反面。当幼苗长到第8片叶时，进行第二次控制生长，每亩用2袋西葫芦控制素，加水30千克，均匀喷于叶片正面。通过2次调节长势，能明显增加叶片厚度和颜色，增加花芽分化，提早10～15天上市，提高产量20%以上。

（四）定植后的管理

1. 温度管理

定植后3～5天内保持高温高湿，促进缓苗，白天25～30℃，不超过30℃不放风，下午室温降到20℃时盖帘保温，夜间20～16℃。缓苗后，大温差培育壮苗，白天保持20～25℃，室温达到25℃就要及时放风降温，下午温度降到15℃后再盖草帘，前半夜保持15℃以上，后半夜13～10℃，早晨揭草帘前棚温保持10～8℃。

开花座果期白天保持22～25℃，超过25℃及时放风降温，下午温度降到20℃时盖帘保温，前半夜保持20～14℃，后半夜14～12℃，早晨揭草帘前棚温保持10～8℃。当早晨温度低于8℃时，就要增加草帘厚度以利保温。

2. 肥水管理

深冬季节追肥浇水应注意的问题：一是尽量多追施生物肥，能起到疏松土壤，提高地温的作用。二是看浇水施肥，一般选择晴天上午进行，阴雪天禁止浇水施肥。三是提倡隔行浇水，即先浇1、3、5……行，过5～10天后浇2、4、6……行。这样可避免浇水后温室内温度过低、湿度过大，影响生长。四是用事先预热的水浇灌温室（水温一般要达到15℃以上），防止浇水后地温过低，影响根系生长发育。

从结瓜盛期开始，每隔7～10天叶面追施1次复合型磷酸二氢钾200倍液或植物生命素、植物动力2003、利果美、高镁施、芸薹素等溶液。或尿素 100～150 克加复合型磷酸二氢钾 100 克，对水 15 千克叶面喷雾。

3. 光照管理

西葫芦属强光照植物，温室内种植的西葫芦光照强度均达不到要求的强度，特别在 12 月至翌年 1 月份，西葫芦一直处于光饥饿状态。因此在温度许可的范围内，尽量将草帘早揭晚盖，延长光照时间，同时要经常清扫膜面，保持棚膜清洁，提高棚膜透光度是温室西葫芦栽培的有效增产措施。

4. 人工授粉

西葫芦为异花同株作物，温室内几乎没有为西葫芦传粉授精的昆虫，且未经授粉受精的雌花化瓜率极高，即使结成单性果实，也量少质劣。因此应进行人工授粉，人工授粉在上午 9:00—10:00 雄花花粉成熟散开时进行，摘取已开的雄花在雌花柱头上轻轻涂花粉。授粉时如果天阴要推迟授粉时间，待雄花花粉成熟散开后再进行授粉。

5. 激素蘸花

深秋、冬季和早春一般雄花开放很少，为保花保果，要用 2，4-D 等生长激素蘸花，深秋、早春 2，4-D 的浓度为 60～80 毫克/千克，冬季为 100～150 毫克/千克，番茄灵浓度为 30～50 毫克/千克，在上午 9:00—10:00 雌花开放时，用中楷毛笔在雌蕊柱头基部均匀涂沫一圈，药量要适当，防止重涂。同时在蘸花液中加入 0.1％速克灵或 0.3％施佳乐，可有效防治灰霉病。

6. 整枝吊蔓

当秧苗甩蔓（7～10 片叶）时开始吊蔓，瓜蔓过高时落蔓，使生长点保持适当的高度，并及时除去基部侧芽，以减少养分消耗，一般瓜下留 6～7 片功能叶，其他病叶、黄叶、底部老叶及时清除，带到棚外集中深埋。

7. 适时采收

西葫芦果实间养分争夺十分激烈，早期的果实若不及时采收，越大需养分越多，争夺养分的能力也越强，导致后期结的瓜得不到充足的养分，极易化瓜。因此，为避免化瓜和防止早衰，根瓜长到200～300克时应及时采收，前、中期结的瓜亦应适期早收，以促进植株生长，后期结瓜数量减少，为提高产量可适当长大晚收。

五、常见病虫害及防治

（一）农业防治

轮作倒茬，降低菌源基数，可减轻病害的发生；选择抗病品种，培育无病、虫种苗；及时摘去老叶、病叶，并将老、病叶带出田外集中销毁，减少再侵染的机率；合理施肥，防止重施氮轻磷，增施钾肥；采用高垄栽培，合理灌溉，控制棚内湿度，减轻病害的发生。

（二）物理防治

上茬作物收获后，及时于高温季节深耕后灌水密闭棚室，暴晒15～20天，灭杀前茬收获后残留的有害生物；温室风口覆盖防虫网、室内品字形张挂黄板和银灰色塑料条，预防斑潜蝇、白粉虱、蚜虫等害虫的传播为害。

（三）化学防治

1. 白粉病

发病初期，用45%硫悬合剂300～400倍液，或用70%甲基硫菌灵可湿性粉剂600倍液，或用50%扑海因可湿性粉剂1 000～1 500倍液交替喷雾防治，7天1次，连喷2～3次。也可用45%百菌清烟剂熏棚10小时预防，每亩每次用量200～250克，连熏3～4次。个别植株刚发病时也可用小苏打500倍液喷雾防治，7 天 1 次，连喷 2～3 次。

2. 灰霉病

始发期，亩用 3%灰霉净烟剂 150 克或 10%腐霉利烟剂 250 克密闭熏棚 10 小时防治，7～8 天后再熏 1 次。发病初期用 50%腐霉利可湿性粉剂 1 500 倍液，或用 50%福异菌（灭菌灵）可湿性粉剂 900 倍液，或用 41%灰霉菌核净 1 200 倍液，或用 50%异菌脲可湿性粉剂 1 000 倍液田间喷雾防治，10 天 1 次，连防 3～4 次。始花期用激素蘸花时加上 0.1%速克灵或 0.3%施佳乐可有效防治果实发病。

3. 烂蔓病

定植后至采瓜前或发病初期可选用烂根灵 500 倍液；75%百菌清粉剂 600 倍液喷雾。

4. 蚜虫

可用 10%吡虫啉可湿性粉剂喷雾防治。

5. 白粉虱

可用 10%吡虫啉可湿性粉剂或 25%阿克泰水分散粒剂喷雾防治。

6. 斑潜蝇

可用 75%灭蝇胺可湿性粉剂喷雾防治。

第三节　日光温室苦瓜高效生产技术

一、苦瓜的属性

苦瓜又名凉瓜、金荔枝、癞瓜，因果实中糖甙含量高而有特殊苦味，故名苦瓜，苦瓜为葫芦科苦瓜属一年生攀缘草本植物。

原产东印度，我国南北方均有栽培，以华南、西南栽培较多。

苦瓜不仅营养丰富，还有较高的药用价值。苦瓜的根、茎、叶、花、果实、种子均可入药，其性寒味苦、明目解毒，并具有明显的降低血糖的作用，所以也是糖尿病患者的保健食品。

二、日光温室品种选择

日光温室栽培苦瓜时，品种选择上主要考虑生育期的长短，一般选择在 10 节前后发生雌花的品种，并要求高产、抗病、耐低温、弱光等。

目前生产上优良品种主要有常绿苦瓜、长身苦瓜、夏丰苦瓜等。

三、日光温室茬口安排

日光温室栽培苦瓜一般都愿意安排在冬春茬，但也可作为秋冬茬栽培。

日光温室秋冬茬播种期在 8 月中下旬至 9 月初，定植期在 9 月中下旬至 10 月中下旬，收获期在翌年 1 月至 2 月初。

日光温室越冬茬播种期在 10 月中旬至 11 月中下旬，定植期在 12 月下旬，收获期在翌年 5—6 月。

日光温室冬春茬播种期在 12 月中下旬至翌年 1 月初，定植期在 2 月上中旬至 3 月上中旬，收获期则在 5—6 月。

四、日光温室栽培技术

（一）培育壮苗

苦瓜自播种至采收在 85～100 天，利用日光温室密植栽培，为使其在元旦至春节期间能够大量上市，适宜播期应在 8 月下旬至 9 月上旬。

1. 种子播前处理

播种前要进行种子处理，可用 60～70℃的温水浸种 10～15 分钟，浸种时注意不断搅动，当水温降至 35℃左右时，再继续浸泡 12～15 小时，然后将种子搓洗净后，用湿纱布包好，放在 32～35℃的条件下进行催芽。

催芽时每天用清水淋洗 1～2 次，4～5 天种子即可发芽，当 60％的种子露白，即可播种。

2. 播种

8 月下旬北方地区气温尚高，宜采用小拱棚育苗，四周设防虫网，营养钵规格以 10 厘米×10 厘米为宜。

营养土的配制：无病园土 5 份，腐熟有机肥 4 份，炉渣 1 份。有条件的也可用蛭石、草炭和腐熟的有机肥配制。每立方米营养土中加入硝酸钾 0.5 千克，三元复合肥 1 千克，辛硫磷 50～60 克，50％多菌灵 60～80 克。营养土要充分混合后装入营养杯，浇足水，将催芽的种子，每钵播种 1 粒，覆土 1～1.2 厘米。

3. 苗期管理

（1）温度管理。出苗前白天保持在 30～35℃，一般 5～7 天出苗。出苗后白天温度控制在 25～30℃，夜间 15～18℃为宜。白天超过 30℃，可适当放风，夜间低于 15℃可加盖草苫。

（2）水分管理。当营养钵土表干燥时，即可喷水或浇小水。一般 7～8 天浇 1 次。

（3）病虫防治。为防治苗期病害，出苗后可喷施 72.2％普力克水剂 400 倍液，或用 59％安克锰锌可湿性粉剂 1 000 倍液。对于蚜虫、白粉虱可喷 10％吡虫啉 1 000 倍液，或用 25％扑虱灵 2 000 倍液进行防治。

（4）蹲苗促壮。在苗长到 3～4 片叶时，可喷矮壮素 200～300 毫克/升，苗期喷 2～3 次喷施宝或 0.3％磷酸二氢钾，以培育壮苗。当苗子长到4～5片真叶时，即可移栽定植，苗期约35天。

（二）定植

日光温室苦瓜定植前半个月，要施足基肥，深翻整地，尽量不连作。每亩施优质有机肥3～5立方米，N、P、K复合肥40～50千克，钾肥20～30千克，深翻25～30厘米。

日光温室越冬苦瓜栽培种植方式一般采取80厘米等行距起垄栽培，也可采取小高畦种植。起垄栽培，垄高15厘米，株距为40～50厘米，每亩栽植2 000株左右。

定植时垄顶开穴，穴内施水，如底墒不足则需垄沟灌水。苦瓜定植后进行地膜覆盖，打孔将苗引出膜外。地膜覆盖可提高地温，减少水分蒸发，降低棚内湿度，减轻病害发生。

（三）定植后的管理

（1）松土除草。疏松土壤，提高土地的通气性，促根下扎。松土时可将地膜掀起。

（2）肥水管理。结瓜之前只要墒情好，苗子长势壮，一般不要浇水。如果结瓜前墒情已不能满足植株生长的需要，应进行适当的灌水，浇水时水量不宜过大，结合浇水每亩可冲施10～15千克的三元复合肥，或腐熟的人粪尿、鸡粪等250～300千克/亩。

（3）整枝吊蔓。当苦瓜主蔓伸长到30～40厘米时，要及时用塑膜绳将主蔓吊起，吊绳上方拴在用铁丝搭的棚架上。同时要将主蔓下部抽发的侧枝卷须及时去掉，以减少营养消耗，促进主蔓生长，方便管理。

（四）结瓜期的管理

苦瓜结瓜后，逐渐进入旺盛生长时期，需肥需水大大增加，同时也需要一个适宜的光温条件，才能获得高的产量。

1. 加强肥水管理

结瓜之后一般10～15天浇1次水，隔1水，冲1次肥，追肥种类可用三元复合肥或尿素加钾肥，也可以是腐熟的有机肥，化肥一般每次20～25千克/亩，有机肥用量500～800千克/亩。

越冬期浇水周期可适当加长，此时冲施肥要以有机肥为主，适当配合速效化肥施。根据土壤养分状况，可增施钙、锌、硼、镁等肥，以满足苦瓜高产的需要。

2. 温度管理

结瓜期，白天棚内温度一般控制在25～30℃，高于32℃可适当通风，夜间一般保持在15～18℃，不宜低于12℃。

3. 人工授粉

苦瓜温室栽培，需人工授粉。授粉一般在9:00—10:00进行，摘取新开放的雄花，去掉花冠，与正在开放的雌花进行对花授粉。

也可用毛笔蘸取雄花的花粉，给正开放的雌花柱头轻轻涂抹，进行授粉，以保证其正常结瓜。

【专家提示】

苦瓜属于同株异花植物，一般情况下苦瓜自然授粉率低，人工辅助授粉可以增加坐果率，提高产量。人工辅助授粉一般要掌握两点：一是授粉要及时，当天开花，当天授粉；二是适时授粉，每天9:00—10:00最为适宜。每朵雄花可给3～4朵雄花授粉。

4. 改善光照

苦瓜是喜光作物，冬季日照时数少，光照弱，加之棚内相对湿度高，薄膜透光率以及阴雨等因素的影响，往往光照严重不足。因此，要采取措施增强光照。

五、苦瓜的主要病虫害及其防治

苦瓜的主要病害有猝倒病、炭疽病、蔓枯病等。主要虫害是蚜虫、白粉虱、红蜘蛛等。

(一) 苦瓜主要病害及防治

1. 猝倒病

猝倒病主要在幼苗期发病，除苗床消毒，选用抗病品种外，可用15%恶霉灵450倍液或甲基立枯磷（利克霉）1 200倍液浇苗床，用量为2～3升/平方米。

也可用58%雷多米尔·锰锌可湿性粉剂500倍液或75%百菌清可湿性粉剂600倍液或64%杀毒矾可湿性粉剂500倍液，隔8～10天喷施1次，施用1～2次。

2. 炭疽病

一是选留无病种子，搞好种子消毒。

二是轮作倒茬，实行3年以上轮作。

三是加强管理，降低棚内湿度。

3. 蔓枯病

实行2～3年轮作；按比例增施磷、钾肥。发病初期选下列药剂之一喷洒：70%代森锌可湿性粉剂500倍液；50%混杀硫悬浮剂500～600倍液；75%百菌清可湿性粉剂600倍液。

每隔4～5天喷施1次，直到病情渐停为止。

若病菌已侵染茎，茎蔓病状严重，可用50%托布津可湿性粉剂拌成糊状，涂抹在病部，效果较好。

(二) 苦瓜主要虫害及防治

1. 白粉虱

可用25%扑虱灵2 000倍液或0.3%螨虱清1 500倍液，每5～7天喷1次，连喷2～3次。也可用灭蚜灵烟剂，每次350

克/亩，交替使用。

2. 蚜虫

可用10%的吡虫啉1 000倍液或10%氯氰菊酯2 000倍液，每3～5天喷1次，连喷2～3次；或用灭蚜灵烟剂，每次350克/亩熏烟。

3. 红蜘蛛

可用73%克螨特乳油2 000倍液或10%螨死净2 000～3 000倍液进行喷雾防治，每10天喷1次，连喷2～3次。

【专家提示】

瓜病虫害，尽量也要选用农业防治、物理防治、生物防治等方法，迫不得已再使用化学防治方法，以便提高安全品质，具体措施参见黄瓜、西葫芦综合防治措施。

（三）采收

苦瓜应适时采收。苦瓜从开花到采收，夏秋季节需8～12天，越冬期需13～15天。

采收的标准是瓜已充分长成，表皮瘤状突起饱满且有光泽。白皮苦瓜表皮由绿变白，有光亮感时即可采摘。

第六章　日光温室茄果类蔬菜标准化生产技术

茄果类蔬菜是指茄科植物中以浆果作为食用器官的蔬菜，主要包括番茄、茄子和辣椒等。这类蔬菜含有丰富的维生素、碳水化合物、矿物质、有机酸和少量蛋白质，营养丰富，深受消费者喜爱，我国南北各地栽培面积均较大。我国设施栽培主要在秋末、冬季、早春生产，与露地生产相配合，已基本实现了周年生产和均衡供应。

第一节　日光温室番茄高效生产技术

一、番茄的属性

番茄别名西红柿、洋柿子、番柿。

起源于北美洲的安第斯山地带，16 世纪才作为观赏植物传入欧洲，17 世纪开始逐渐为人们所食用。明朝时传入中国，当时作为观赏植物栽培，直到 20 世纪初才开始作为蔬菜栽培。中国栽培番茄是从 20 世纪 50 年代初迅速发展起来的，现在已成为主要果菜之一。

番茄除可鲜食和烹饪多种菜肴外，还可加工制成酱、汁、沙司等强化维生素 C 的罐头及脯、干等加工品，用途广泛。

目前美国、俄罗斯、意大利和中国为主要生产国，在欧美国家、中国和日本有大面积的温室、塑料大棚及其他保护设施栽培。

二、日光温室品种选择

选择耐低温弱光、抗病、优质、高产、高抗 TY 的中熟、中晚熟品种为宜，目前应用较多的有汉姆系列、凯红等品种。

三、日光温室茬口安排

选择越冬茬栽培。6 月上旬育苗，7 月下定植，10 月初开始采收上市，第二年 6 月上、中旬拉秧结束生产。

四、日光温室栽培技术

（一）育苗

方法同辣椒。

（二）定植前的准备

1. 整地施肥

亩施优质农家肥 10 000 千克，尿素 20 千克，普通过磷酸钙 150 千克，硫酸钾 40 千克。80%的肥料撒施后耕翻土壤，使肥料和土壤混匀；剩余 20%肥料在起垄时对准定植行开沟集中深施。做成南北向高垄，垄面宽 90 厘米，垄沟宽 50 厘米，垄高 20～25 厘米，垄中间开暗沟，宽 25 厘米，深 15 厘米，垄面要内高外低，便于拉紧地膜和膜外流水。

2. 温室消毒

定植前 7～10 天，亩用 2～3 千克硫磺粉加锯末进行熏蒸消毒，或每平方米空间用 75%达克宁（百菌清）可湿性粉剂 1 克加 80%敌敌畏乳油 0.1 克与锯末混匀后熏蒸一昼夜。每平方米土壤可用 50%多菌灵可湿性粉剂 5 克与细土或细沙拌匀后撒施耙耱到土壤中消毒。

（三）定植

1. 定植时间

一般苗子长到5～6片真叶、日历苗龄50～55天定植。

2. 定植方法

晴天上午定植，定植时，每垄定植2行，行距60厘米，株距50厘米，“丁”字形错开定植，每亩定植2 000株左右。定植时将苗子带土砣挖起或者带土砣从育苗盘、营养钵中取出，在定植穴中摆放好后浇稳苗水，待苗坨散开，水下渗后，填土封穴。

（四）定植后的管理

1. 肥水管理

定植时浇定苗水，定植后浇缓苗水。缓苗后要控水促根。当第一穗果坐住并开始膨大时浇头水，不追肥，尽量做到水温和棚温一致。以后10～15天浇追肥1次，每次施肥量控制在尿素每亩10～12千克、复合型磷酸二氢钾5千克（或生物钾肥10～15千克）。深冬季节追肥浇水应注意的问题：一是尽量多追施生物肥，能起到疏松土壤，提高地温作用。二是看天气浇水施肥，一般选择晴天上午进行，阴雪天禁止浇水施肥。三是提倡隔行浇水，即先浇1、3、5……行，过5～10天后再浇2、4、6……行。这样可避免浇水后温室温度过低、湿度过大，影响生长。四是用事先预热的水浇灌温室（水温一般要达到15℃以上），防止浇水后地温过低，影响根系生长发育。

2. 温度及光照管理

定植后尽量提高温度，以利缓苗，不超过30℃不放风，缓苗后白天25～28℃，夜间18℃左右，拉帘前12℃以上。进入结果期后，白天22～28℃，清晨拉帘前尽量保持在12℃以上，地温18～20℃，最低16℃以上。为促进果实着色，果实成熟前将温度提高到28～32℃，可加速果实着色成熟。温室覆盖的薄膜要选择优质透光率高的聚氯乙烯无滴膜，每天揭开草苫后，用拖把擦净膜上的灰尘；有条件的在脊柱部位或者后墙处张挂反光幕。

3. 结果期管理

当主干第二花序开花后留2片叶摘心，留下紧靠第一花序下面的一个侧枝，其余侧枝全部摘除，第一侧枝第二花序开花后用同样的方法摘心，留下一侧枝，如此摘心5次，共留5个结果枝，可结10穗果。当果穗中有2～3朵小花开放时，在上午9:00—10:00，用2.5%水溶性防落素25～50毫克/千克（低温时用40～50毫克/千克，高温时用25～30毫克/千克），或者番茄丰产剂2号50～70倍液蘸花保果。

4. 植株调整

用塑料绳及时吊蔓；采用单杆整枝进行整枝；目标果接穗开花时，留2片叶摘心，并及时摘除下部老叶、黄叶、病叶。

5. 保花疏果

为保证落花现象发生，在开花时用防落素、2，4-D蘸花，并在其中加入0.1%速克灵可湿性粉剂或0.3%的40%施佳乐悬浮剂防治灰霉病。一般大果型品种每穗选留3～4果，中小果型品种每穗留4～6果。

6. 适时采收

果实进入白熟期后，及时用800～1 000倍液乙烯利催熟1次，涂抹均匀，以防“花脸”，同时，也适当提高室内温度，可达28～30℃，以利果实成熟。这样，可以提早上市5～7天，真正地达到早熟、优质、高效的目的。

五、常见病虫害及防治

（一）农业防治

避免同茄科类蔬菜连作，采用高垄覆膜栽培，移栽时剔除病虫苗、弱苗，及时拔出中心病株，摘除病叶、病果，并清理到温室外妥善处理；注意田间操作时手和工具的消毒，整枝打杈过程中，应分工序操作，先整健康植株后整发病植株；拉秧后清除病残体或杂草，集中烧毁，减少病虫源。

（二）物理防治

1. 避免连作障碍

在夏季温室休闲时深翻土壤，灌足水后密闭温室 15 天左右，有利用高温、窒息作用，杀灭土壤中的有害生物。

2. 使用防虫网

在温室风口覆盖防虫网，阻挡斑潜蝇、蚜虫等棚外害虫飞进棚内。

3. 张挂黄斑和银灰色塑料膜

诱杀蚜虫、斑潜蝇、白粉虱等害虫。

（三）化学防治

1. 晚疫病

发病前用 75％达克宁可湿性粉剂或 25％阿米西达悬浮剂喷雾进行保护：发现中心病株后，立即用药封锁周围病株，并开始整棚防治。可用 5％百菌清粉剂喷粉，或用 45％百菌清烟剂熏烟，或用 64％杀毒矾可湿性粉剂水溶液喷雾防治，每 5～7 天 1 次，连防 2～3 次。

2. 病毒毒

育苗前种子用 10％磷酸三钠浸种 20 分钟，然后用清水冲净后催芽、播种；早期药剂防蚜，减少传毒媒介；发病初期可用1.5%植病灵乳油或20%病毒A可湿性粉剂喷雾防治。

3. 灰霉病

发病初期，用45%百菌清或腐霉利烟剂熏蒸；坐果期结合蘸花加入在蘸花液虽加入0.3%的40%施佳乐悬浮剂进行防治；喷雾用50%速克灵可湿性粉剂或40%施佳乐悬浮剂等药剂，一般每隔7～10天用药1次，视病情连续防治2～3次。

4. 叶霉病

未发病前，可喷洒75%达克宁可湿性粉剂预防保护；初发病时要及时摘除病叶，带到棚外集中销毁，然后用10%世高水分散粒剂、或用30%爱苗乳油水溶液喷雾防治，每隔7～10天喷1次，连防2～3次。

5. 蚜虫

可用10%吡虫啉可湿性粉剂喷雾防治。

6. 白粉虱

可用10%吡虫啉可湿性粉剂或25%阿克泰水分散粒剂喷雾防治。

7. 斑潜蝇

可用1.8%阿维菌素乳油或75%灭蝇胺可湿性粉剂喷雾防治。

第二节　日光温室辣椒高效生产技术

一、辣椒的属性

辣椒，又叫番椒、海椒、辣子、辣角、秦椒等，是辣椒属茄科一年生草本植物。果实通常成圆锥形或长圆形，未成熟时呈绿色，成熟时变成鲜红色、黄色或紫色，以红色最为常见。辣椒的果实因果皮含有辣椒素而有辣味，能增进食欲。辣椒中维生素C的含量在蔬菜中居第一位。

二、日光温室品种选择

选择耐低温弱光、优质、抗病、丰产的陇椒3号、陇椒10号等品种。

三、日光温室茬口安排

选择越冬茬栽培。6月中旬育苗，8月初定植，10月初开始采收上市，第二年6月上、中旬拉秧结束生产。

四、日光温室栽培技术

（一）育苗

育苗可采用穴盘基质育苗，也可采用营养钵或苗床育苗。

1. 种子消毒及浸种催芽

用50～55℃温水浸泡种子30分钟，再用10%磷酸三钠溶液浸种20分钟，用清水将种子洗净后用28～30℃的清水浸泡6～8小时，在28℃的环境中催芽，每6个小时将种子连袋用28℃清水淘洗翻动1次。一般5～6天后见少数种子刚刚露白时就应播种，防止芽尖发黄。

2. 穴盘基质育苗

一般使用盘长54.6厘米，宽27.5厘米的72孔塑料穴盘。育苗前用1 000倍高锰酸钾溶液浸泡穴盘消毒，每立方米基质中加入50%多菌灵可湿性粉剂100克，充分混拌均匀后装盘。将催出芽的种子点播在穴盘中，每穴2粒，播种深度0.6～1.0厘米。播种后用基质覆盖种子，浇透水，从渗水口看到水滴为宜。

3. 营养钵或苗床育苗

营养土选用未种过蔬菜的肥沃耕作土和优质腐熟农家肥，过筛后按7∶3比例混匀。每立方米营养土中均匀拌入68%金雷水分散粒剂100克或50%多菌灵可湿性粉剂80克消毒后铺床或装钵后将水灌足，待水完全下渗后将催出芽的种子点播在营养钵或苗床（以株、行距8厘米为宜）中，每穴2粒，播种深度0.6～1.0厘米，播种后用营养土覆盖种子。

4. 苗期管理

播种后，温度白天控制在25～30℃，夜间18～20℃；出苗后，白天20～25℃，夜间13～18℃；定植前7天，白天18～23℃，夜间10～18℃。苗床营养钵育苗，苗期一般不浇水，若遇土壤干旱缺水，则采用喷水方法增加湿度；穴盘基质育苗则根据基质干湿和幼苗长势情况每天喷洒1～2次营养液或清水，当辣椒子叶展平后间去弱苗，每穴或每钵留1株健苗，间苗后培土护根。

（二）定植前的准备

1. 整地施肥

亩施优质农家肥5 000千克，尿素20千克，普通过磷酸钙100千克，硫酸钾20千克。80%的肥料撒施后耕翻土壤，使肥料和土壤混匀；剩余20%肥料在起垄时对准定植行开沟集中深施。做成南北向高垄，垄面宽80厘米，垄沟宽40厘米，垄高20～25厘米，垄中间开暗沟，宽20厘米，深15厘米，垄面要内高外低，便于拉紧地膜和膜外流水。

2. 温室消毒

定植前7～10天，亩用2～3千克硫磺粉加锯末进行熏蒸消毒，或每平方米空间用75%达克宁（百菌清）可湿性粉剂1克加80%敌敌畏乳油0.1克与锯末混匀后熏蒸一昼夜。每平方米土壤可用50%多菌灵可湿性粉剂5克与细土或细沙拌匀后撒施耙耱到土壤中消毒。

（三）定植

1. 定植时间

一般苗子长到5～6片真叶、苗龄50～55天定植。

2. 定植方法

选晴天上午定植，定植时，每垄定植2行，行距50厘米，株距35～40厘米，“丁”字形错开定植，每亩定植2 800～3 200株。定植时将苗子带土砣挖起或者带土砣从育苗盘、营养钵中取出，在定植穴中摆放好后浇稳苗水，待苗坨散开，水下渗后，填土封穴。

（四）定植后的管理

1. 温度管理

定植到缓苗期温度白天控制在28～30℃，夜间18～20℃；开花结果期白天25～30℃，夜间15℃以上。

2. 水肥管理

定植时浇定苗水，定植后浇缓苗水。缓苗后，表土发干时浇一次透水。以后就要适当控水促进根系发育，直到开花时根据土壤墒情浇水，不追肥。当门椒长到3厘米左右结合浇水进行第一次追肥，每亩追施尿素8～10千克、复合型磷酸二氢钾5千克（或生物钾肥10～12千克）。以后每隔10～15天浇水追肥1次。深冬季节追肥浇水应注意的问题：一是尽量多追施生物肥，能起到疏松土壤，提高低温作用。二是看浇水施肥，一般选择晴天上午进行，阴雪天禁止浇水施肥。三是提倡隔行浇水，即先浇1、3、5……行，过5～10天后再浇2、4、6……行。这样可避免浇水后温室温度过低、湿度过大，影响生长。四是用事先预热的水浇灌温室（水温一般要达到15℃以上），防止浇水后地温过低，影响根系生长发育。

3. 植株调整

门椒开花前，用尼龙绳或塑料绳进行吊秧，以防倒伏；采用4杆整枝法，对椒以上侧枝及生长重叠的弱枝及徒长枝全部抹去，以利通风透光；及时清除门椒以下发生的腋芽，及时摘除老叶、病叶。

4. 适时采收

辣椒是多次采收的果菜类蔬菜，作鲜菜食用时宜采收青椒，在花谢15～20天果皮转青色时为采收标准，一般每隔4～5天采收1次，并遵循少采勤采，采少留多的原则，以果压树，延长叶片有效同化时间，提高产量。

五、常见病虫害及防治

（一）农业防治

避免同茄科类蔬菜连作，采用高垄覆膜栽培，移栽时剔除病虫苗、弱苗，及时拔出中心病株，摘除病叶、病果，并清理出温室外妥善处理；注意田间操作时手和工具的消毒，整枝打杈过程中，应分工序操作，先整健康植株后整发病植株；拉秧后清除病残体和杂草，集中烧毁，减少病虫源。

（二）物理防治

1. 避免连作障碍

在夏季温室休闲时深翻土壤，灌足水后密闭温室15天左右，有利用高温、窒息作用，杀灭土壤中的有害生物。

2. 使用防虫网

在温室风口覆盖防虫网，阻挡斑潜蝇、蚜虫等棚外害虫飞进棚内。

3. 张挂黄板和银灰色塑料膜

诱杀蚜虫、斑潜蝇、白粉虱等。

（三）化学防治

1. 立枯病

辣椒立枯病多发生在苗期，病苗枯死而不倒伏。可用75%百菌清可湿性粉剂600倍液喷雾，或用64%杀毒矾可湿性粉剂500倍液喷雾，也可采用20%甲基立枯灵乳剂800倍液或75%多菌灵可湿性粉剂于定植后每株用100毫升药液进行灌根，10天1次，连续灌根3次。

2. 疫病

起苗定植前可用75%锰杀生干悬浮剂喷雾，实行带药定植；起垄后可用75%达克宁可湿性粉剂或58%甲霜灵锰锌可湿性粉剂喷洒垄面形成药膜，然后覆膜移栽；移栽时用移栽灵蘸根；在开花期（病前）根施1次4%辣椒疫病灵颗粒剂，盛果期再施一次；发现发病中心后，喷洒与灌根并行，可用72%克露可湿性粉剂或50%甲霜铜可湿性粉剂，每5～7天1次，连续2～3次；也可用5%百菌清粉尘剂喷施，9天1次，连防2～3次。

3. 病毒毒

育苗前种子用10%磷酸三钠浸种20分钟，然后用清水冲净后催芽、播种；早期药剂防蚜，减少传毒媒介；发病初期可用1.5%植病灵乳油或20%病毒A可湿性粉剂喷雾防治。

4. 炭疽病

定植后，可用75%锰杀生干悬浮剂喷雾预防；田间初见病株可用10%世高水分散颗粒剂或40%福星乳油喷雾防治，7～10天喷1次，连续2～3次。

5. 灰霉病

发病初期，用45%百菌清或腐霉利烟剂熏蒸；喷雾用50%速克灵可湿性粉剂或40%施佳乐悬浮剂等药剂，一般每隔7～10天用药1次，视病情连续防治2～3次。

6. 蚜虫

用10%吡虫啉可湿性粉剂喷雾防治。

7. 白粉虱

用10%吡虫啉可湿性粉剂或25%阿克泰水分散粒剂喷雾防治。

8. 斑潜蝇

用75%灭蝇胺可湿性粉剂喷雾防治。

第三节　日光温室茄子高效生产技术

一、茄子的属性

茄子古名落苏、紫膨亨等。为茄科茄属以浆果为产品的一年生草本植物。

中国栽培茄子历史悠久，类型品种繁多，在我国各地是夏秋季的主要蔬菜之一，其栽培面积占夏季主要蔬菜的第三位。

食用茄子幼嫩浆果，营养丰富，有降低胆固醇，散血止痛，消肿，宽肠及强肝等功能。

二、日光温室茄子栽培的茬口安排

日光温室栽培茄子一般进行冬春茬、秋冬茬和早春茬栽培茬口安排见下表。

表　茄子设施栽培茬口安排

栽培方式	播种期	定植期	采收期
拱棚春提前	11月下旬至12月上旬	3月下旬至4月上旬	5月中旬至7月下旬
拱棚秋延后	5月下旬至6月上旬	7月中旬至7月下旬	9月上旬至10月下旬
温室秋冬茬	6月中旬至6月下旬	8月中旬至8月下旬	10月下旬至第二年1月中旬
温室冬春茬	10月下旬至11月上旬	2月下旬至3月上旬	4月中旬至7月中旬

三、日光温室冬春茬茄子栽培技术

(一) 茬口安排的原则

冬春茬茄子，9月初至10月上旬育苗，11月上旬定植，最初的1～2个果在11月至12月上旬形成，12月下旬可以上市，但到12月中旬和第二年1月温光条件最不好的季节，往往满足不了茄子生育要求，果实膨大慢、畸形果多。

到2月中旬以后，温光条件转好，果实才能正常生长发育。

【小资料】

此茬口的管理特点：在温光条件好的时期，加强管理，形成前期产量；在温光条件不好时，应创造条件维持其生长，待到条件转好时形成又一次产量高峰。

(二) 育苗

1. 播种期和播种量

冬春茬茄子的播种期在10月下旬至11月上旬。播种量每亩为50克。

2. 浸种催芽

采用温汤浸种对种子携带病菌传染的病害防治效果很好。

催芽多采用变温处理的方式，即每天用25～30℃汤保温16～18小时后，再换成16～20℃汤，保温6～8小时，高低温交替进行。

每天清洗或翻动1～2次，见干时少喷水，露白后适当降温（控制在16～25℃），以使幼芽粗壮。

3. 播种

当种子的芽长为2毫米左右时即可播种。

2～3片真叶移植的每平方米播15～20克。

播种后覆盖1厘米厚的土，播种后在床面上覆一层地膜，使床土温达到20℃以上，促进尽快出苗。

4. 分苗

分苗最佳时期为一片真叶展开到两片真叶。

移植有两种方法：一种是按10厘米×10厘米的株行距直接移入苗床上，另一种是将苗移入营养钵中。

5. 嫁接育苗

嫁接使用的砧木有托鲁巴姆和野生刺茄。常采用劈接法。

采用托鲁巴姆作砧木，砧木比接穗早播25～30天；采用野生刺茄作砧木，砧木比接穗晚播20天左右。当砧木具有5～6片叶、接穗具有3～4片叶时嫁接。

嫁接时砧木保留下部的1～2片叶平截主茎，并从截口处中部向下纵劈主茎，切口深度约1厘米；接穗保留上部的2～3片叶，将主茎削成楔形，插入砧木切口，用嫁接夹固定。

嫁接后遮阴保湿防雨，白天适温28～30℃，夜间适温20～25℃，3～4天后逐渐撤去遮阴物，转入正常管理。

6. 适宜苗龄及壮苗标准

冬春茬栽培的茄子因播种期的不同，苗龄延至60～100天。

茄子定植时的壮苗标准：7～8片叶现大蕾，茎粗，节短，叶片大小适中，叶脉明显，根系较大，根色洁白，侧根较多。

紫茄品种茎深紫色，叶片颜色较深。

（三）定植

1. 定植前的准备

（1）棚室消毒。定植前7～10天，按每立方米用硫黄粉4克、锯末8克、80%敌敌畏0.1克，点燃后密闭熏蒸一昼夜，然后再打开放风口通风换气。如果温室内有茄苗，要加盖小拱棚密闭，以防止硫黄燃烧时产生的二氧化硫中毒。

（2）翻耕施肥。消毒后土壤要耕翻整平，每亩普施有机肥5 000～7 000千克，过磷酸钙50千克，耙细耙平后开沟定植。

2. 定植时期、方法及密度

定植时应选择阴尾晴天的天气，有利于提高地温和室温，以促进缓苗。

定植时采用大小行距栽培，大行距80厘米，小行距50厘米，株距40～50厘米，定植覆土成垄后，在50厘米小行距上覆盖地膜，大行距成为作业道，每亩的定植株数为2 200～2 500株。

采用两垄覆一膜的方法是当前冬季果菜生产的常用方式，其优点是采用地膜覆盖，膜下沟灌，既可防止水分蒸发，又可提高地温。这是在严寒季节增加土壤温度，保持土壤水分，降低空气湿度的好方法。

为促进缓苗，定植后3～4天要选好天气的上午在地膜下沟中灌一次缓苗水。

四、日光温室秋冬茬茄子栽培管理技术

（一）出苗至分苗前的管理

幼苗大部分出土后撤掉地膜，并适当降温，以防子苗徒长。

在温度管理上，白天应保持在20～25℃，夜间为15～17℃，土温在20℃以上。当真叶出现时可将温度提高，白天保

持在26～28℃，夜间为15～17℃，第二天早晨10℃左右，有利于培育壮苗。

分苗前，可将温度控制在白天为22～26℃，夜间为10～15℃，适度炼苗，以准备移植。

（二）温度管理

定植后缓苗期间的晚上要扣小拱棚以提高温度，促进缓苗，定植后1～2天中午遮阴，防止萎蔫，棚内的温度白天保持在28～30℃，尽量不放风，以利蓄热保温，夜间要保持在17～20℃。

缓苗后白天温度仍尽量保持在25～30℃，中午短时间的高温35℃时仍不放风，夜间要保持在15～20℃，清晨可以短时间地降至10～13℃。白天高温35～40℃对茎叶花生长发育不利，白天长期处于22℃以下生长缓慢。夜间温度低于15～13℃生长缓慢，7～8℃下易发生生育障碍，5℃以下易发生寒害。因此，冬季和早春季节应该加强防寒保温工作，特别是严冬季节遇连阴天或重寒流天气应保证室内最低气温不低于7～8℃，必要时临时生火加温；秋季和春夏季节应该加强放风管理，保证生长适温。

久阴乍晴时室温不能骤然升高，高温时放花苫遮阴，待3～4天植株恢复后再全天见光和通风换气。3月后天气转暖，要加大放风量和放风时间，超过30℃就要放风，20℃时闭风，此时放风仍在顶部放。4月下旬，外界气温在10℃左右，要加大放风量，在温室的腰部和脊部要开大风口放风，当外界气温超过15℃，要昼夜放风，在进入天气炎热的季节时，可将前部围裙撤掉或将底脚薄膜推到肩部，使薄膜只起避雨和减弱光照的作用。

（三）光照管理

严冬季节日照时数短、光照弱，对茄子生长发育、产量、果实着色影响很大。

在光照管理上应该注意以下几个方面：温室采光角度要合

理；采用新的无滴膜，最好采用茄子专用膜；经常清扫膜面灰尘；室内张挂反光幕；及时揭盖草苫采光；阴雪天气，只要不太冷要坚持揭苫见散射光。

（四）肥水管理

定植后5～7天浇缓苗水，之后进行中耕松土，并于窄行距覆盖地膜。门茄瞪眼（3～4厘米长时）时及时浇催果水，以后应该保持土壤水分供应以利果实膨大。

天气冷，不能放大风口降湿时，不灌大水，可在膜下暗灌小水。每次浇水时都应选择晴天的上午快速浇完，利用中午的高温、强光使地温尽快回升。12月至第二年2月期间天气寒冷，光照弱，室内气温和地温都较低，宜选晴天膜下暗灌浇小水，只浇小沟不浇大沟。3月以后，随着天气转暖，进入盛果期，应逐渐增加浇水量，小沟大沟同时浇灌。

门茄瞪眼期开始追肥，结合催果水追施催果肥。冬季生育缓慢，水肥耗量小，可追施1～2次尿素或硝酸铵，每亩施15～25千克。

进入春季3月以后进入盛果期，应该增加水肥供应，除了追施速效氮肥以外，还应该追施1次钾肥，每亩15～25千克。

（五）植株调整

1. 多采用双杆整枝

对茄形成后，剪去向外的两个侧枝，使四门斗时结两个果，八面风时仍剪去向外的侧枝，也结两个果。加上一个门茄和两个对茄使一个植株共结7个果，然后摘心，这种整枝方法虽然比常规整枝少结果，但每个单果的重量大，成熟期早，而且商品性好，因而在产量和经济效益上比常规整枝的要高出许多。

2. 改良双杆整枝

即四面斗茄形成后，将外侧两个侧枝果实上部留1片叶后打掉生长点，只留2个向上的枝，此后将所有外侧枝打掉，只留2个枝。

3. 枝条生长调整

整枝一般还结合吊蔓，使枝条向上生长，避免坐果后果实将枝条压弯，造成枝条弯曲生长。当门茄瞪眼时，应将基部老叶打掉。以后随着植株不断生长，逐渐打掉底层叶片，以利于群体的通风透光。

【专家提示】

整枝、打叶，一般选择在晴天，上午必须露水干后才可以进行操作，以防伤口感染病菌。

（六）保花保果

目前生产中常使用的有2，4-D、防落素等提高坐果率。

用2，4-D处理的浓度为20～30毫克/升，用毛笔涂抹在花萼和花柄上或蘸花，不能喷花，不要碰到茎、叶和生长点，以免受害。

用防落素可喷花，浓度为30～40毫克/升，注意喷时要用戴手套的手隔开枝叶，防止受药害。

用激素处理后花冠不易脱落，既不利于果实着色，又易感染灰霉病，要在果实膨大后摘掉花冠。

（七）更新整枝

为了延长采收期，可进行更新整枝。更新整枝的时间一般在7月下旬至8月上旬进行更新整枝，两个月后便可采收秋茄子。具体采用以下方法：

清理干净残枝乱叶后在植株两侧挖20厘米深的沟，然后在两侧沟内施肥灌水，每亩施复合肥或磷酸二铵50千克，并灌足水，在四面斗枝条处或茎基部剪断，并清除残叶。

在主干距地面10厘米处截断，然后松土、追肥、灌水，促进萌芽生长，选择生长好的枝条再进行双干整枝，一个月后又可收获果实，一直采收到12月上旬。

（八）采收

茄子采收成熟度鉴定的方法：茄子萼片与果实相连接的地方，如果快速生长还未到采收期的茄子，该处有一条明显的白色或绿色环状带，此时组织柔嫩，不宜采收；如果这条环状带已趋于不明显或正在消失，则表明果实已停止生长，应及时采收。

通常，早熟茄子品种开花20～25天后就可采收。采收的时间选在午后或早晨，采收后经过包装即可上市。

五、日光温室秋冬茬茄子栽培技术要点

（一）茬口安排

秋冬茬茄子是保淡季的茬口安排，是在露地即将结束、大棚秋延后的采收高峰已过之时，主要供应秋冬季市场。一般播种期在7月中旬，苗龄25～30天，8月下旬定植，9月底前后开始采收，直到第二年的3—4月。

该茬茄子生育期间的环境特点：前期高温多雨，中后期气候条件由高温变低温，光照由强变弱，空气湿度由小变大，各方面条件的变化都是从有利到不利。而茄子在结果期之后对温光等要求十分严格，因而栽培的难度较大。

（二）品种选择

日光温室秋冬茬茄子生育期的气候特点是由高温到低温，日照由强变弱。因此，首先应选用抗病毒病能力强的品种，其次是选耐低温、耐弱光、果实膨大较快的早中熟品种，如早熟京茄1号、京茄3号、京茄5号、天津快圆、九叶茄等。

（三）播种育苗

1. 适期播种

一般在7月中下旬播种育苗，苗龄40～50天，8月中下旬

至9月上旬定植，此茬口栽培必须选好抗病品种并且严防病毒病的发生。

2. 遮阴、防雨，排水，防涝

选择地势较高的地块，作高畦，如果是直播，也要作成高畦，四周有排水沟，棚上有塑料薄膜进行遮雨，遮阴。

3. 苗期抓好防病防虫

出苗后8～10天喷1次乐果消灭蚜虫，同时喷1次1 000倍液植病灵或600倍液20%病毒A，营养不足可浇灌1次磷酸二氢钾与尿素混合的500倍液，喷2次高美施。同时还要注意遮阴和防止漏雨，加大通风，防徒长。

（四）定植及定植后的管理

棚室消毒见日光温室冬春茬栽培技术。

每亩施农家肥10 000千克，深翻30厘米，耙细耙平；作成行距60厘米的垄准备定植。定植时选傍晚或阴天进行，株距35厘米，全田栽完后灌1次透水，水渗后封埯。

覆膜的温室要将膜前底脚卷起，加大通风。因定植后正值高温季节，水分蒸发得快，4～5天浇1次缓苗水，然后中耕。每次浇水后都要中耕，并注意向垄上培土，连续中耕2～3次。缓苗后喷1次4 000～5 000毫克/升的矮壮素或助壮素，促使植株早结果。

根据当地早霜出现的日期，要在早霜前7～10天将温室修好覆膜，或者是已覆膜的要将前底脚放下，注意夜间防霜冻。一般日平均气温降至20℃时就要扣膜，扣膜初期不要全封严，注意夜间通风，以后随天气转冷逐渐减少通风，直至封严。室内温度低于15℃时加盖草苫保温，至严寒季节还要增加纸被保温，必要时进行临时补温。

在扣棚后要注意病虫害的防治。同时由于温度的变化，要用2，4-D或防落素等进行保花保果。整枝方式可采用双干整枝，及时打掉底部的老叶和多余的侧枝。每层果谢花后随水追肥，亩用量硝酸铵或复合肥20～30千克。在光照管理上要及时清洁棚膜，适时揭开草苫，及时通风排湿，为茄子开花结果创造良好的温光条件，以求达到理想的生产效果。

六、茄子畸形及防治

（一）常见的茄子畸形果类型

1. 双身茄果

因肥料过多引起，即除满足生长点发育所需的养分外，仍造成营养过剩，使细胞分裂过于旺盛，形成多心皮果，畸形。如开花期遇到低温或使用生长调节剂浓度大，均易形成双身茄果。

2. 无光泽茄

多发生在果实发育后期，土壤干旱，供水不及时，则形成暗淡无光泽的果实。

3. 裂茄果

有果裂、萼裂两种。萼裂多因激素浓度使用过大造成。果裂的原因有两方面：一是由于茶黄螨为害的幼果，使果实表皮增厚、变粗糙，而内部胎座组织仍继续发育，造成内长外不长，导致果实开裂。这种果实质地坚硬，味道苦涩。二是在果实膨大过程中，由于干旱后突然浇水或降雨，果皮生长速度不如胎座组织发育得快而造成裂茄果。

4. 石茄果（僵茄果）

形成原因是在开花前后遇到低温、高湿或日照不足，造成花粉发育不良，影响授粉受精；育苗期因苗床土壤不适及温度、湿度、光照等管理不善，致使茄苗素质不好，根系发育缓慢，吸水范围窄，尤其是幼苗期不耐干燥，当遇到高于30℃的高温后，短花柱花增多，是造成落花及发生石茄果的原因之一。当温度高于35℃或低于17℃时，都会因受精受阻而形成石茄果。

（二）畸形果防治方法

1. 加强苗床管理，提高茄苗素质

门茄、对茄、四母斗茄、八面风茄的花芽分化期，是处在2～6片展开真叶的苗期。加强苗期管理，提高茄苗素质，使其苗壮而不徒长，花芽分化充分正常，形成的花器健壮，即能有效地防止出现畸形果。

2. 开花坐果期预防产生畸形茄果的措施

一是鉴于茄子在低于15℃的低温和高于35℃的高温下，都会使花粉发芽趋缓，花粉管伸长不良，授粉受精受阻，在开花坐果期要特别注意搞好棚室内的温度、湿度调节，使棚内气温白天22～30℃，夜间15～21℃；棚内湿度掌握地表见湿少见干，空气相对湿度在65%～80%。二是氮肥不宜追施量过多，追施时间不宜过早；浇水量不宜过大。三是要严格掌握使用防落素、2，4-D、坐果灵等生长激素的使用浓度和使用方法。

3. 选用产生畸形果少的品种

一般耐寒、抗病性强、坐果率高的品种不易产生畸形果。

七、茄子常见病虫害及防治

（一）茄子主要病害及防治

1. 绵疫病

（1）症状。果实受害出现水渍状圆形斑点，凹陷，变黑褐色腐烂，湿度大时该病发生较重，病部表面有白色絮状菌丝，病果易脱落或收缩成僵果。茎部受害、水浸状、缢缩，温度高时长出白霉，上部枝叶萎蔫。叶面受害，形成水浸状褐色病斑，有较明显轮纹。

（2）防治措施。发病初期可使用72%克露可湿性粉剂600～800倍液，或用25%甲霜灵可湿性粉剂及其复配制剂400～600倍液，或用58%甲霜灵锰锌可湿性粉剂500～600倍液（兼治褐纹病），或用50%乙磷铝锰锌可湿性粉剂500～600倍液喷雾。

2. 黄萎病

（1）症状。茄子黄萎病俗称“半边黄、半边疯”，在坐果后开始表现症状，且多自下而上或从一边向全株发展。在叶片初期是叶脉间发黄，逐渐变褐，边缘枯死或全叶枯黄；植株病叶由下向上发展，初期中午萎蔫，早晚尚可恢复，后期叶片脱落，全株死亡；根和茎纵向切开，可见维管束变褐色或黑色。

（2）防治措施。发病初期及时用50%多菌灵可湿性粉剂500倍液或50%甲基托布津可湿性粉剂500倍液灌根，每株用药液约0.25千克，隔7～10天灌1次，连灌2～3次即可。也可用1.5%二硫氰基甲烷可湿性粉剂（菌线威或的确灵）3 000倍液或喷茬克1 000倍液灌根，每株250毫升，7～10天灌根1次，连续灌根3～4次。

3. 褐纹病

（1）症状。幼苗受害多在幼茎土表接触处，形成近棱形水渍状病斑，以后变为褐色或黑褐色。成株受害一般先从下部叶片发病，初为苍白色水渍状小斑点，逐步变褐色近圆形。果实症状初生为黄褐色或浅褐色圆形或椭圆形凹陷的病斑，后扩展为黑褐色，常造成果实腐烂。

（2）防治措施。可使用易保可湿性粉剂800～1 200倍液，或用64%杀毒矾M8可湿性粉剂400～500倍液，或用10%世高水分散粒剂1 500倍液，或用58%甲霜灵锰锌可湿性粉剂500～600倍液，或用75%百菌清（达克宁）可湿性粉剂600倍液喷雾。

4. 灰霉病

（1）症状。幼苗染病，子叶先端枯死。后扩展到幼茎，幼茎缢缩变细，常自病部折断枯死，真叶染病出现半圆至近圆形淡褐色轮纹斑，后期叶片或茎部均可长出灰霉，致病部腐烂。成株染病，叶缘处先形成水浸状大斑，后变褐，形成椭圆或近圆形浅黄色轮纹斑，直径5～10毫米，密布灰色霉层，严重的大斑连片，致整叶干枯。茎秆、叶柄染病也可产生褐色病斑，湿度大时长出灰霉。果实染病，幼果果蒂周围局部先产生水浸状褐色病斑，扩大后呈暗褐色，凹陷腐烂，产生不规则轮状灰色霉状物。

（2）防治措施。可用6.5%万霉灵粉尘剂每亩喷粉1千克，或用50%速克灵可湿性粉剂1 500倍液，或用50%灰核威可湿性粉剂600～800倍液，或用50%扑海因可湿性粉剂1 000倍液喷雾，每亩喷药液50千克。使用激素蘸花时，可加入0.1%的50%速克灵可湿性粉剂或50%多菌灵可湿性粉剂效果更好。

【专家提示】

预防茄子灰霉病的发生，采取摘除茄子萎蔫花瓣的方法是一项安全有效的防治措施，具体方法是：在茄子开花后7～10天，早晨露水干后摘除萎蔫花瓣，并将摘除的花瓣及时带出栽培设施外销毁。

5. 白粉病

（1）症状。发病初期叶面出现不规则褪绿黄色小斑，叶背相应部位则出现白色小霉斑，以后病斑数量增多，白色粉状物日益明显而呈白粉斑，最后致叶组织变黄干枯。

（2）防治措施。发病初期喷洒15%三唑酮可湿性粉剂1 000倍液，或用40%福星乳油4 000倍液，或用40%多硫悬浮剂500～600倍液。

【专家提示】

预防茄子白粉病的发生，在盛果后期为防植株早衰，及时追肥可减轻病情；注意合理灌水、雨后及时排水；加强中耕培土，促进植株根系生长；及时摘除植株下部病、老叶，既减少菌源又有利于通风透光。

（二）茄子主要虫害及防治

1. 红蜘蛛

要经常保持土壤湿润，避免过于干旱，及时清除杂草及枯枝落叶，减少虫源。药剂防治要加强虫情检查，控制在点片发生阶段，选用73%克螨特乳油1 200倍液或40%乐果乳油1 000倍液等药剂喷雾除治即可。

2. 蚜虫

在蔬菜收获后及时清理田间残株败叶，铲除杂草。一旦发生宜及早用药，将其控制在点片发生阶段。药剂防治可选用2.5%溴氰菊酯乳油2 000～3 000倍液或50%抗蚜威2 000倍液或20%绿保素2 500倍液等喷洒除治。

3. 白粉虱

增设防虫网，使用银灰色地膜和黄板。白粉虱对银灰色有负趋性，所以银灰色地膜可有效地避开白粉虱。棚内已经有白粉虱发生的，可利用白粉虱对黄色的趋性设黄板诱杀。药剂防治，初发期可用25%扑虱灵可湿性粉剂1 500～2 000倍液或1.8%阿维菌素乳油2 000倍液喷雾防治，药剂交替使用。

4. 斑潜蝇

在叶片上有幼虫3头时，掌握在幼虫2龄前（虫道很小时），于8:00—11:00露水干后，幼虫开始到叶面活动或者幼虫多从虫道中钻出时开始喷洒25%斑潜净乳油1 500倍液，或用5%抑太保乳油2 000倍液。防治时间掌握在成虫羽化高峰的8:00—12:00效果好。

第四节　日光温室人参果高效生产技术

一、人参果的属性

通常所说的人参果是一种原产于我国武威地区的水果，富含蛋白质、维生素与矿物元素，具有保健功效。我国四大名著之一《西游记》中提及此果并加入了神话色彩。

人参果又名长寿果、凤果、艳果，原产南美洲，属茄科类多年生双子叶草本植物。人参果是一种高营养水果，果肉清香多汁，腹内无核，风味独特，具有高蛋白、低脂肪、低糖等特点，富含维生素 C 和多种微量元素，其中锌元素含量最高。

二、日光温室品种选择

目前种植的人参果品种主要有长丽、大紫等。其叶色浓绿，结果率高，果实长心形，成熟果实金黄色，并带有紫色花条纹。

三、日光温室茬口安排

日光温室人参果一般采用秋冬茬和冬春茬栽培。秋冬茬栽培在 6—7 月育苗，8— 9 月定植，10—11 月开花结果，冬季陆续采收上市。冬春茬栽培在 9—10 月育苗，11—12 月定植，翌年 1—2 月开花结果，春季后陆续采收上市。

四、日光温室栽培技术

（一）育苗

扦插繁殖育苗，是人参果普遍采用的一种简单方法。即取人参果茎枝，剪成插条（插穗）后，插于土壤中，让其在适宜的环境条件下生根发芽，独立长成健壮的植株。

为提高人参果产量和品质，一般用脱毒苗做母株，控制开花结实，促进侧枝发育，然后采其侧枝扦插育苗。

1. 扦插茎枝的选择

应选择遗传性状良好，高产株的鲜嫩茎枝，无病害，无缺损，以利于生新根发新芽。插条的长度以 10～14 厘米为宜。剪断后的插条，及时扦插到事先准备好的苗床或穴盘中，否则应插入清水中，以防脱水。

2. 扦插时间的选择

人参果虽然一年四季可扦插繁殖，但以春、秋播的成活率高。在一天中扦插适宜时间为 16:00 以后。扦插适宜的温度，可在 15～30℃的范围内进行。

3. 扦插方法

扦插前，为提高成活率，可用生长激素浸泡插条。扦插时，将插条直插于土壤或穴盘中，然后将土壤或基质压紧，使插条露出地面 4～6 厘米，行距 10～15 厘米，株距 6 厘米左右。扦插后，及时浇水，浇水量可使情况酌定。

4. 扦插后的管理

在日光温室或塑料大棚内进行扦插，为防止烈日暴晒，应进行遮荫，用小拱棚搭盖塑料薄膜及草帘，并喷洒细小水，待苗长出新根后，可拆除遮荫工具，扦插后待苗长至 7～8 片真叶，20～30 天即可进行定植或分苗移植。

为从根本上预防病毒病对人参果生产的威胁，在生产上最好选用技术部门专门培育的脱毒苗。

（二）定植

定植前先深翻 30 厘米，结合整地每亩施充分腐熟的农家肥 10 000 千克，氮、磷、钾复合肥 50 千克，普通过磷酸钙 100 千克，然后深耕细耙，整平地面，南北向做畦，操作行宽 60 厘米，定植沟宽 40 厘米，沟深 10 厘米，株距 40 厘米，定植深度以苗坨面与垄面相平为宜，每亩栽 2 500～3 000 株。栽后浇足定植水。

（三）定植后的管理

1. 温度管理

定植后 5～7 天闭棚保温，白天 30～35℃，夜间 14～17℃，促进缓苗。缓苗后温度适当降低，白天 25～30℃，超过 30℃时放风，夜间 12～15℃。进入开花坐果期后，要适时早揭晚盖草帘，延长光照时间，保证光合作用所需的适宜温度，白天 25～30℃，夜间 14～16℃。12 月到翌年 2 月，进入全年温度最低时期，在温度管理上要注意天气变化，加强保温措施，使棚内昼温不低于 25℃，夜温不低于 10℃。进入 4 月份以后气温回升，应加大放风量，延长放风时间，直至掀起棚前膜前后通风。

2. 水肥管理

定植后浇一次缓苗水。开花前不旱不浇水，控秧，防止茎叶徒长。人参果结果期和采收期长，养分消耗多，及时补充果实生长所需养分，结果期重施结果肥。坐果后 7～12 天浇 1 次水，隔 1 次水施 1 次肥，每次亩追氮、磷、钾复合肥 10～15 千克。选晴天上午浇水，浇水后及时放风排湿。

（四）整枝打杈及抹芽

合理地选留主枝，是提高开花坐果率的基础，具体选留的主枝数依情况酌定，一般只留一个主枝。打杈应经常进行，将主枝上萌发的新生枝杈全部除掉。抹芽是人参果获得高产、稳产、质优的重要环节。因为人参果萌芽率、成梢率均极高，所抹芽是人参果栽培种不可忽视的一环。一般选择 4～5 个分布均匀的芽抽梢形成固定结果枝，其余芽抹除。人参果分枝力很强，一般 10 天左右抹芽 1 次。

（五）绑蔓吊果

当植株长至 30 厘米高时开始吊蔓，以后随着蔓的伸长，将蔓S形绕在吊绳上。当生长点接近温室膜面时及时落蔓，将蔓盘成环形，靠地面的一部分埋在土里，大约15天就可以剪断使其生长：其余的移除棚外。

（六）保花保果

在盛花期每天早晨小花开放后用15毫克/千克的2，4-D或者番茄灵蘸花，促进坐果。待果实长至豆粒大小时，每个果穗选留个大、形美、匀称的果实3～4个，其余摘除。

（七）适时采收

一般果实呈淡黄色，紫色条纹清晰时即可采收。也可根据市场需求特点灵活掌握采收时间。

五、常见病虫害及防治

（一）农业防治

避免同茄科类蔬菜连作，采用高垄覆膜栽培，移栽时剔除病虫苗、弱苗，及时拔出中心病株，摘除病叶、病果，并清理出温室妥善处理；注意田间操作时手和工具的消毒，整枝打杈过程中，应分工序操作，先整健康植株后整发病植株；拉秧后清除病残体或杂草，集中烧毁，减少病虫源。

（二）物理防治

1. 避免连作障碍

在夏季温室休闲时深翻土壤，灌足水后密闭温室15天左右，有利用高温、窒息作用，杀灭土壤中的有害生物。

2. 使用防虫网

在温室风口覆盖防虫网，阻挡斑潜蝇、蚜虫等棚外害虫飞进棚内。

3. 张挂黄板和银灰色塑料膜

诱杀蚜虫、斑潜蝇、白粉虱等害虫。

（三）化学防治

1. 晚疫病

发病前用75%达克宁可湿性粉剂或25%阿米西达悬浮剂喷雾进行保护；发现中心病株后，立即用药封锁周围病株，并开始整棚防治，一般可用5%百菌清粉剂喷粉或45%百菌清烟剂熏棚10小时防治，也可用64%杀毒矾可湿性粉剂喷雾防治，5～7天1次，连防2～3次。

2. 病毒毒

人参果一般采用枝条扦插繁殖，种苗是否带毒与扦插时采摘扦枝的母株是否带毒有关。因此，育苗时一定要选择在无毒母株上采摘扦枝。为从根本的杜绝病毒病，在生产中应选用脱毒种苗。同时还要彻底防治蚜虫等传毒昆虫。发病初期可用1.5%植病灵乳油或20%病毒A可湿性粉剂喷雾控制。

3. 灰霉病

发病初期，用45%百菌清或腐霉利烟剂熏蒸；坐果期结合蘸花加入0.3%的40%施佳乐悬浮剂进行防治；喷雾用50%速克灵可湿性粉剂，或用40%施佳乐悬浮剂等药剂，7～10天用药1次，视病情连续防治2～3次。

4. 蚜虫

可用10%吡虫啉可湿性粉剂喷雾防治。

5. 白粉虱

可用10%吡虫啉可湿性粉剂或25%阿克泰水分散粒剂喷雾防治。

6. 斑潜蝇

可用1.8%阿维菌素乳油或75%灭蝇胺可湿性粉剂喷雾防治。

第七章　日光温室豆类蔬菜标准化生产技术

豆类蔬菜的栽培遍及世界各地，亚洲的种植面积最大。中国的栽培历史悠久，种类多，分布广。北方普遍栽培的主要有菜豆和豇豆，其次为豌豆、蚕豆、毛豆和扁豆，其他豆类多分布于南方。

第一节　日光温室菜豆高效生产技术

一、菜豆的属性

菜豆别名芸豆、豇豆、四季豆等，豆科菜豆属中的栽培种，一年生缠绕性草本植物。

菜豆原产中南美洲，16—17 世纪传入欧洲，以后传入亚洲。目前，世界各地均有栽培。我国南北各地普遍栽培，露地和设施栽培可以排开播种期，实现周年均衡供应。

菜豆营养丰富，嫩荚中含 6％蛋白质，富含赖氨酸、精氨酸，还含有维生素 C、胡萝卜素、纤维素和糖等。菜豆也是制罐和脱水菜的好原料。

二、日光温室品种选择

菜豆品种选用要根据市场销售情况和消费习惯。

春、秋露地早熟栽培和简易保护地早熟栽培一般选用矮生型品种。

蔓生型品种采收期较长，适合于春、秋露地搭架栽培和日光温室、塑料大棚栽培。

日光温室深冬栽培应选用耐低温、弱光、根系发达且再生能力强、生长势强、生长期长且两次结荚能力强的品种，如白不老、架豆王等。

三、日光温室茬口安排

菜豆喜温，不耐低温霜冻，同时又怕高温多雨，栽培最适宜的季节是月平均气温 10～25℃，以 20℃左右最适。

北方地区利用改良地膜覆盖、小拱棚、大中拱棚以及节能日光温室等保护设施，可以进行菜豆的春提前和秋延后栽培，以及深冬栽培，对菜豆的周年均衡供应起着重要作用。

菜豆忌重茬，宜实行 2～3 年轮作。适宜前茬为大白菜、甘蓝、花椰菜、黄瓜、西葫芦、马铃薯等。矮生菜豆可与玉米、棉花及多种蔬菜等间作。

塑料大棚及日光温室菜豆栽培茬口安排见下表。

表　塑料大棚及日光温室菜豆栽培茬口安排

栽培设施	栽培季节	播种期	定植期	收获期
塑料大棚	春早熟	2 月上旬至 3 月上旬	3 月上旬至 4 月上旬	4 月下旬至 6 月下旬
	秋延后	7 月下旬至 8 月下旬	直播	10 月上旬至 11 月下旬
日光温室	秋冬茬	9 月上旬至 10 月上旬	直播	11 月下旬至第二年 1 月中下旬
	越冬茬	11 月上旬至 12 月上旬	直播	2 月中旬至 4 月中旬
	冬春茬	12 月下旬至第二年 1 月下旬	2 月上旬至 3 月上旬	3 月下旬至 4 月下旬

四、日光温室菜豆栽培技术

日光温室栽培分秋冬茬、冬春茬和越冬茬。

（一）整地施肥

1. 施肥

前茬收获后及时清理残株枯叶，深翻并精细整地，结合整地每亩施入腐熟有机肥 3 000～4 000 千克。可加施三元复合肥 30 千克、磷酸二氢铵 30 千克、硫酸钾 15～30 千克、过磷酸钙 50～60 千克和草木灰 100～150 千克。同时，还可加入尿素 5～7.5 千克做种肥。

2. 整地

耕地后作成小高畦，畦高 15～20 厘米，宽行距 60～70 厘米，窄行距 50 厘米。秋冬茬或冬春茬栽培亦可作平畦，平畦宽 110～130 厘米。

（二）播种

用 0.3%的福尔马林或 50%代森锰锌 200 倍液浸泡种子 20 分钟，以进行种子消毒，杀灭炭疽菌，再用清水冲洗后播种。

为促进根瘤菌活动与繁殖，可用 0.08%～0.1%的钼酸溶液浸种 1 小时，再清水冲洗后播种。

【小资料】

菜豆播种宜采用干种子直播。如在春季地温低、湿度高或在夏季温度高的情况下浸种，反而易烂种。有试验表明，浸种 6 小时的菜豆播种后 12 天出苗率仅为 20.0%～31.7%，而干种子直播出苗率为 90.0%～96.7%。

播种时应开沟引水，或在播种前 2～7 天浇水洇地，特别是盖地膜前 7～10 天要洇地造墒，以利种子吸水，顺利出苗。

播种时开沟或开穴深 3～5 厘米，按穴距 25～30 厘米点播，覆土后适当镇压，使种子与土壤充分接触，以利种子吸水发芽。

每穴播3～4粒，幼苗出土后，每穴留2～3株。

播种时可施入5%辛硫磷颗粒剂1～1.5千克/亩，防治地下害虫。

为了提早上市，春茬栽培时也可采用纸筒或营养钵等护根法育苗。定植苗龄不宜过大，以免严重伤根，以不超过25天（3叶龄）为宜。

播种前浇足底水，每钵点种子3～4粒。播后覆土3～5厘米。整个育苗期一般不再浇水。

播后温度维持在20～25℃。出苗后白天温度保持在20～25℃，夜间为10～15℃。

定植前4～5天放风炼苗，夜温降至8～12℃。定植后浇定植水，以利缓苗，定植水水量宜小，以利升地温。

（三）田间管理

1. 温度管理

菜豆生长期间温度管理很重要，菜豆喜温怕寒，不耐高温。温度高于28℃、低于13℃，都易引起落花落荚。

幼苗期和抽蔓期，保持白天20～25℃、夜间13～15℃为宜。

开花结荚期保持白天20～25℃、夜间15～18℃为宜。

秋冬茬栽培，应在早霜来临前及时扣膜，严寒到来前盖苫。

配合温度管理进行放风排湿，起到防病作用。

风口覆盖防虫网，隔绝室外虫源迁入为害。

当直播幼苗出土和定植幼苗成活以后，应进行中耕松土，以利地温回升、改善土壤透气性，为菜豆根系生长和根瘤菌活动创造良好条件。

苗期中耕2～3次，在行间和穴间中耕可深些，近根部要浅些，以免伤根。

2. 枝蔓管理

抽蔓时及时用尼龙线吊蔓。

人工引蔓上架，使植株均匀分布在架杆上。

深冬长季节栽培时，尼龙线应留有余量，当植株生长接近棚顶时沉蔓、盘蔓。

沉蔓前摘除下部老叶。

3. 肥水管理

中国各地菜农均有“干花湿荚”的经验，开花坐荚前以控水蹲苗为主，一直到坐荚后浇水、追肥。

坐荚以后，菜豆植株生长旺盛，既长茎叶，又陆续开花结果，需大量的水分和养分。

幼荚 3～4 厘米长时开始浇水，结荚期 5～10 天浇 1 次水，使土壤相对湿度保持在 60%～70%。

结荚期为重点追肥时期，菜豆根瘤不太发达，结荚期不能忽视氮肥供应，应适量追施氮肥。

蔓生菜豆结荚期长，一般追肥 2～3 次防止早衰，延长采收期。

结合坐荚水，每亩追施尿素 10～15 千克，盛荚期第二次追肥。深冬长季节栽培时，翻花后进行 2 次结荚，应继续浇水追肥。

结荚期还应配合叶面喷施 0.2%～0.5%的磷酸二氢钾、加 0.1%硼砂和 0.1%钼酸铵 2～3 次，增产效果显著。

（四）采收

蔓生菜豆播种后 60～80 天采收，采收期为 60～70 天。

深冬栽培采收期可达 2～5 个月。

一般嫩荚采收在花后 10～15 天，即达上市标准。

结荚前期和后期 2～4 天采收 1 次，结荚盛期 1～2 天采收 1 次。

（五）菜豆栽培中易发生的问题与预防

1. 落花落荚

菜豆分化的花芽数很多，开花数也较多，蔓生菜豆比矮生菜豆分化的花芽数更多，但菜豆的落花落荚现象极为严重。

【小资料】

据观察，蔓生菜豆每株能产生10～20个花序，每个花序有花4～10朵，但其结荚率仅占花芽分化数的4.0％～10.5％，占开花数的20％～35％。其中，坐荚率为68％左右，成荚率仅为42％左右。

（1）落花落荚原因。

营养因素：一是由于各器官间营养竞争激烈导致落花落荚。如果在开花初期浇水过早，或早期偏施氮肥，会造成枝叶繁茂，使营养生长和生殖生长之间的矛盾更加剧烈，而导致晚开的花或幼荚脱落。二是与营养累积不足有关。如种植密度过大、支架不当、久阴寡照、缺水缺肥、雨涝、病虫为害严重、气温过高或过低、植株早衰等因素，都会影响光合产物累积和水肥吸收，导致花器发育不良而脱落。

花器发育不良：花器发育不良影响授粉、受精，引起落花落荚。外界环境因素直接影响花芽分化、花芽发育和授粉、受精。如温度过低（＜15℃）、过高（＞27℃），特别是连续高温和夜高温，不能正常受精而落花。开花期高温干旱或遇大风天气，会使花粉早衰，柱头干燥。开花期遇雨，会影响花粉散发，同时降低柱头上黏液浓度，不利于花粉发芽和正常授粉，导致大量落花。

（2）防止落花落荚的措施。生产上可依上述因素采取相应对策。

一是应选用适应性广、耐热性强、坐荚率高的优良品种。

二是要适期播种，安排适宜的栽培季节，避免或减轻高低温障碍。还可利用保护设施改善小气候条件。

三是要加强田间各项农事操作管理，调节好营养生长和生殖生长之间的平衡关系，保证合理的水肥供应和充足的光合产物累积。如精细整地、精细播种、合理密植、合理肥水供应、及时插架、及时防病灭虫、及时采收等。防止偏施氮肥和花期浇水。保护地栽培要调节好温、湿度。发现疯秧，可喷洒生长抑制剂，如用矮壮素或三碘苯甲酸进行调节。

四是在花期用 5～25 毫克/升的萘乙酸溶液或 2 毫克/升对氯苯氧乙酸溶液喷洒花序，可减少落花，提高结荚率。

2. 果荚过早老化

菜豆以嫩荚为食用器官，过早老化直接影响着食用品质和商品品质，特别是对加工罐制品品质影响更大。

菜豆果荚过早老化的原因在环境因素中，高温对嫩荚老化影响最大，超过 31℃或日均温超过 25℃，促使纤维化形成。营养不良，豆荚生长缓慢，豆荚虽小，但荚龄已大，也表现提早老化。水分缺乏，不仅果荚易纤维化，而且使荚壁内果皮变薄，影响荚果品质。

防止菜豆果荚过早老化的对策为防止嫩荚过早老化，一是要选用不易老化的品种，或进行新品种选育，培育非纤维束型良种；二是要适时播种，加强田间肥水管理；三是适宜温度管理，使结荚期最高气温不超过 31℃，日均在 18～23℃，对于易老化品种，最好秋播栽培，对于非纤维型品种春秋皆可播种；四是要在果荚老化前及时采收。

五、菜豆的主要病虫害及防治

（一）主要病害及防治

菜豆主要的病害有菜豆炭疽病、根腐病、锈病、细菌性疫病等。

1. 炭疽病

用种子重量 0.4％的 50％多菌灵可湿性粉剂拌种，或者用 60％防霉宝超微粉 600 倍液浸种 30 分钟；用 45％百菌清烟剂熏治（每亩用 250 克）；喷施 75％百菌清可湿性粉剂 800 倍液，或者喷施 50％甲基托布津 800 倍液，7～10 天喷 1 次，连喷 2～3 次。

2. 根腐病

发病初期及时用药，可用 70％甲基托布津可湿性粉剂 800～1 000 倍液灌根，每株灌液量 250 毫升，7～10 天再灌 1 次。或选用 50％多菌灵可湿性粉剂 1 000 倍液或 75％百菌清可湿性粉剂 600 倍液或 77％可杀得可湿性粉剂 500 倍液，7～10 天喷 1 次，连喷 2～3 次。注意喷射茎基部，喷洒量稍大一些，能沿茎蔓下滴为宜。

3. 锈病

发病初期，在病斑未破裂前，可用 15％三唑酮可湿性粉剂 500 倍液，或用 70％代森锰锌可湿性粉剂 1 000 倍液，或用 40％敌唑酮可湿性粉剂 4 000 倍液喷雾，隔 6～8 天喷 1 次，连喷 3 次。

4. 细菌性疫病

发病初期选用 14％络氨铜水剂 300 倍液，或用 77％杀得可湿性粉剂 500 倍液，或用 30％DT 杀菌剂 300 倍液，或用 72％农用硫酸链霉素可溶性粉剂 4 000 倍液，7～10 天喷 1 次，连喷 2～3 次。

【专家提示】

设施菜豆栽培时采取合适的农业防治方法可减少病害的发生，防治方法如下：

◆ 选用抗病品种；

◆ 与非豆科蔬菜实行两年以上轮作，特别是与白菜类或葱蒜类蔬菜轮作效果更好；

◆ 对种子和土壤进行消毒；

◆ 采用高畦或深沟栽培，避免大水漫灌和大雨淋溅，防止积水；

◆ 加强田间管理，预防高温高湿；

◆ 发现病株及时拔除，并在四周撒石灰消毒，及时摘除病叶，拔园时，要及时清除病株残体，并集中烧毁。

（二）主要虫害及防治

菜豆主要的虫害有豆荚螟、豌豆潜叶蝇。

1. 豆荚螟

农业防治：消灭越冬虫源，及时翻耕整地，清除落叶、落荚及枯叶，除草、松土可大量杀死越冬蛹；春季灌水消灭越冬蛹；选早熟丰产结荚期短的少毛品种，实行与非豆科蔬菜轮作。

物理防治：用黑光灯诱杀成虫。

药剂防治：可用21%灭杀毙乳油6 000倍液，或用20%氰戊菊酯乳油3 000倍液，或用2.5%溴氰菊酯乳油3 000倍液，或用90%敌百虫晶体1 000倍液，从现蕾开始，隔7～10天喷1次，连喷2～3次。

2. 豌豆潜叶蝇

农业防治：蔬菜收获前，及时清除残株余叶，减少菜地内成虫羽化数量，压低虫口。

药剂防治：在卵孵化高峰期至幼虫潜食始盛期用2.5%溴氰菊酯乳油3 900倍液或90%敌百虫晶体1 000倍液或40%乐果乳油1 000倍液或21%灭杀毙乳油6 000倍液等对准豆株均匀喷布。

第二节　日光温室豇豆高效生产技术

一、豇豆的属性

豇豆为一年生草本植物，茎蔓生，叶子由3个菱形小叶合成，花淡紫色。果实为圆筒形长荚果，种子呈肾脏形，嫩荚是普通的蔬菜。

原产于印度和中东，我国很早就有栽培。

豇豆豆芽、幼苗、嫩荚都可作菜用。

二、日光温室豇豆品种选择

宜选用持续结荚期长，结荚率高，荚果长、肉厚紧实、质地柔嫩的高产优质品种。

早春茬、春夏茬、秋延茬栽培，应选用耐热、耐湿和抗病毒病或耐病毒病的蔓生性品种。如秋豇豆512、扬豇豆40、春秋豇豆、东湖牌5号豇豆、高雄青荚、紫茵等。

秋冬茬、越冬茬和冬春茬日光温室栽培，应选用早熟、耐低温、耐湿、抗病或耐病性强，“回头荚”产量高的高产优质品种。如之豇28-2，早翠、之豇19、之青3号、白鹤、丽人、白皮、正豇555、特早30、冀豇1号、扬豇12，或矮生类型品种矮早18、农友早生等。

三、日光温室豇豆茬口安排

为使豇豆的商品荚果周年上市供应，日光温室豇豆栽培主要茬口有秋延后茬、秋冬茬、越冬茬、冬春茬、早春茬、春夏茬等。

（一）秋延后茬

于6月下旬至7月上旬播种，采收商品嫩荚期处于8月中旬至10月下旬。促其翻花结荚，采收期可延后到11月中旬。

（二）秋冬茬

于8月上、中旬播种，采收商品嫩荚期处在10月上旬至12月下旬，加强管理，翻花结荚的采收期可延迟至第二年1月份。春节前上市供应的鲜嫩豇豆，是靠秋冬茬豇豆的“回头荚”。

（三）越冬茬

10月上、中旬播种，采收商品豆荚期处在12月上旬至翌年2月中旬。促其翻花结荚，可使采收期延长到3月中、下旬。

（四）冬春茬

于11月中、下旬播种，采收商品嫩荚期处在第二年1月下旬至3月下旬。促其翻花结“回头荚”，迟采收期至4月中旬。

（五）早春茬

于2月中、下旬播种，采收商品嫩荚期处在4月中旬至6月下旬。此茬多采取加强后期肥水管理，促其翻花结荚，使采收商品嫩荚期延长到7月下旬，甚至8月中旬。

（六）春夏茬

于4月中、下旬播种，6月中、下旬开始采收商品嫩荚，一直采收到8月中、下旬，甚至延迟到9月上旬。

【专家提示】

豇豆于日光温室内反季栽培，其播种期并不严格。具体确定播种日期时，要依据品种熟性、前茬蔬菜收获时间、播种方式方法、气候条件、设施采光保温性能等具体情况。如前茬蔬菜倒茬较晚，又需要后茬豇豆赶季上市供应，则需要套种或采用早熟品种适当延后播种。若前茬蔬菜倒茬时间早，则需适当提前播种。

四、日光温室豇豆栽培技术

（一）定植前准备

1. 种子处理

日光温室豇豆的栽培，一般为每亩密度 1.5 万棵左右。蔓生和分枝多的品种宜密度小些；矮生和分枝少、植棵小的品种宜密度大些。

对选用的豇豆种子首先要进行严格粒选，选留符合本品种特征的饱满健子。将经粒选的种子在阳光下晒 2～3 天，以提高种子的发芽率和发芽势。

为预防豇豆炭疽病、枯萎病、根腐病，可用 55℃温水浸种 15 分钟后，再用 25～30℃温水泡种 8～12 小时，捞出后晾去多余水分，用种子重（指原来风干种子重量）量 0.3%的 50%多菌灵粉剂拌种，或用 40%福尔马林 200～300 倍液再浸种 20 分钟，然后洗净阴干后播种。

为了预防豇豆细菌性疫病，可用 100 万单位硫酸链霉素 1 000 倍液浸种 8～12 小时，然后捞出阴干后播种。

2. 整地、施基肥、高温闷棚

前茬作物拉秧后，立即清洁棚园，把前茬的枯枝烂叶打扫干净。然后于地面撒施充分发酵腐熟的有机肥和复合化肥作基肥。一般每亩施厩肥、鸡粪等有机肥 10 000 千克左右（其中鸡粪占 1/3）和氮磷钾三元复合化肥 100 千克，或尿素和硫酸钾各 15 千克、过磷酸钙 70 千克。

为防治病害和地下虫害，每亩均匀地面撒施 50%多菌灵可湿性粉剂 3～4 千克；喷洒 50%辛硫磷乳油 500 倍药液 80～100 千克。

然后深耕翻地 30 厘米，整平地面，做高度 20 厘米的垄。垄宽 120 厘米，其中垄背宽 70 厘米，垄沟宽 50 厘米。

选连续晴日，严密闭棚，高温闷棚 3～4 天。然后通风降温，使棚内温度调节为 25～30℃，待直播种子或取苗移栽定植。

（二）播种与定植

1. 催芽直播

催芽：宜浸种催芽后播种。催芽的温度要比菜豆催芽的温度偏高 5℃左右，且催芽后直播。当豇豆催芽长（即胚根长）0.5 厘米左右时即可播种。

大小行：大行 70 厘米，小行 50 厘米，平均行距 60 厘米。即每个垄背上播种 2 行，小行距在垄面上，大行距跨垄间沟，播种穴距 25 厘米左右，每穴点播种子 3～4 粒。

播种方法：在垄上按大小行距划线，顺线开沟，开沟深 1～1.5 厘米，顺沟溜足水，溜水量以水渗接湿底墒为标准，播种后，从小行中间（垄中间）往播种沟调土覆盖，并呈屋脊形小垄，小垄底宽 20～25 厘米，垄顶距种子 3～4 厘米。

保证种子出苗：当播种后 3～5 天，种子“顶鼻”接近原来的垄面时，用粪耙子耙去屋脊形小垄，以减少种子上面盖土厚度，利于种子出苗。

2. 营养钵育苗移栽定植

育苗移栽：若棚内前茬蔬菜倒茬晚，又需要对豇豆提早播种，以实现赶时采收，则宜采用营养钵育苗移栽。

注意事项：一是每个营养钵育苗 3～4 棵；二是苗龄宜短不宜长，当第一对真叶展开时为移植的适宜苗龄。

移栽定植：移栽定植的行距、穴距与直播田的一样。先按行距开沟，沟深 12 厘米，顺沟浇足水，按 25 厘米穴距坐水放置营养钵苗后，再从小行中间（垄中间）开沟取土埋苗坨栽植，每亩栽苗坨 4 500 个左右，每苗坨有苗 3～4 棵，这样亩栽植密度 15 000 棵左右，栽植后，中耕松土，将垄面、沟底整平。如果是越冬茬、冬春茬或早春茬豇豆，定植后宜覆盖地膜。

（三）苗期管理

1. 发芽期和缓苗期管理

日光温室豇豆越冬茬、冬春茬、早春茬栽培，播种后至基生叶展开或至定植后缓苗期，由于外界气温较低，为促进发芽出土和定植后加快缓苗要尽量提高棚温，不放风，加强保温，使棚内气温调节为白天25～30℃，夜间16～20℃，最低温度不可低于15℃，否则，出苗和缓苗缓慢。出苗后或定植缓苗后，要适当降低温度，白天保持在20～28℃，夜间15～20℃。以防止温度过高造成了胚轴伸长而徒长。

秋延后茬、秋冬茬、春夏茬豇豆，播种后出苗期或定植后缓苗期，由于外界气温高，为防止棚内温度过高，要加强通风降温或搭荫防暴晒、高温，使棚内最高温度不超过30℃，不可高于35℃才放风。若高于35℃时，则生育受抑制，不形成根瘤。当幼苗出土两片子叶展开后或定植缓苗期后，也需要注意防止温度过高而造成植株徒长。应加强通风降温，使棚内气温白天25～30℃，高于30℃时，开始通风降温，降至25℃时闭通风口；夜间16～20℃，低于15℃则应加强夜间保温。

日光温室越冬茬、冬春茬、早春茬豇豆，营养钵育苗移栽的，在定植前5～7天应进行低温炼苗，白天温度20～25℃，夜间15～18℃，以促幼苗蹲壮，增强适应性。

2. 幼苗期至抽蔓期管理

（1）温度管理。豇豆喜温而耐低温性差，幼苗期最适宜温度为26～28℃。大棚豇豆越冬茬、冬春茬、早春茬的幼苗期，都处在低温或寒冷季节，在幼苗期管理上，首要措施是增温保温。

在直播的豇豆出苗后或育苗移栽的豇豆定植后，要覆盖地膜，提高地温，以增加土壤积温来补偿积温的不足。同时在棚前边半米处盖一层草苫，以提高地温，使棚内夜间地温维持在

17～20℃，比气温高2～3℃。

要适当早揭晚盖草苫，增加光照时间，并做到10天左右擦拭一次棚膜，保持棚膜良好透光性。在后墙张挂反光幕，增加棚内光照。

白天棚内气温保持在25～28℃，当中午前后高于30℃时，即开始通风降温；当通风降温至25℃，即闭风口升温。

为使夜温能维持在17～20℃，傍晚盖草苫后，加盖一层膜（即在草苫上盖一层塑膜），以加强夜间保温。

从植株4片复叶至现蕾时期，要逐渐略降棚温，昼温降至20～25℃，夜温降至15～18℃。在这段时期的温度管理上，既防止温度过高，引致植株生长过旺或引发猝倒病；又防止温度较低，抑制根系发育和使地上部分生长缓慢。

（2）水肥管理。在幼苗期至抽蔓期的水肥管理上，要采取适当控制。在播种或移栽时浇足水又地膜覆盖保墒的条件下，一般在3片复叶期之前，不需浇水和追肥。

如果基肥中施的速效氮素肥不足，幼苗期根瘤少，固氮作用差，植株表现缺氮症状时，宜于4～5片复叶期结合地膜下暗浇水，每亩冲施磷酸二铵10千克左右。

浇水不宜过大，若浇水过大，浇后遇高温，易引致植株徒长；若遇低温，易引致根病。此期土壤的适宜湿度为田间最大持水量的60%～70%，若遇干旱，应浇跑马水。

从甩蔓期开始，及时拴绳吊蔓理蔓，每行的上方离棚膜30～60厘米拴一条拉紧的行铁丝（一般12号或14号），铁丝上拴上吊绳，每跨2～4棵用同一根吊绳。

3. 开花结荚期管理

（1）光照和温度管理。豇豆开花结荚期需要较强的充足光照和较高的温度。豇豆开花结荚，虽然所需最适宜温度为25～30℃；但在18～24℃的较低温度和30～35℃的高温条件下，都能正常生长和开花结荚。

在开花结荚期大棚的光、温管理上，可采取适当早揭晚盖草苫，延长光照时间，当中午前后棚内气温升至35℃时才通风降温，待棚温降至29℃时即可关闭通风口，停止通风降温，这样使白天棚内保持较高的温度，在同样保温条件下，夜间的棚温也相对提高，在傍晚放盖草苫时，棚内气温一般在22℃左右，夜间温度为15～20℃，凌晨短时间最低气温也不低于13℃；夜间棚内10厘米最低地温也不低于16℃。因昼温较高，昼夜温差较大，有利于豇豆开花结荚。

在寒冷季节，为提高棚内温度，中午前后放风时间较短，使棚内空气中二氧化碳含量低，应采取二氧化碳施肥，提高棚内空气中二氧化碳含量。

（2）肥水条件管理。在豇豆的第一花序抽梗至开花期，一般不浇水也不追肥。以控制营养生长过旺，促进营养生长与生殖生长协调发展。

当第1～2花序坐荚后，要开始追施开花结荚肥，浇开花结荚水。

植株下部花序开花结荚期间，半月浇1次水，每次浇水随水亩冲施磷酸二铵7～8千克。

中部花序开花结荚期间，10天左右浇1次水，每次随水亩冲施三元复合化肥10～13千克和发酵腐熟过的人粪尿或鸡粪100千克。

上部花序开花结荚及中部侧蔓翻花结荚期间，视土壤墒情，10天左右浇1次水，每次亩冲施尿素和硫酸钾各7～8千克。

整个持续开花结荚期，保持畦面膜下3厘米以下的土壤湿而不干，植株不显旱象。

（3）引蔓和整枝抹杈。豇豆的蔓是左旋缠绕。当主蔓伸长至30～40厘米时，要引蔓攀上吊绳。当主蔓伸长到140～160厘米时打去顶头，促其发侧枝。因为豇豆的侧蔓易开花坐荚，而且还翻花结荚。

对所有的侧蔓都要摘心，但不同部位发生的侧蔓，摘心留节数不一样多：主蔓下部早发生的侧蔓，宜留10节以上时摘心；中部发生的侧蔓，摘去顶心后留5～7节为宜；上部发生的侧蔓，应早摘心，仅留2～4节。

植株生长壮旺，适当多留侧蔓和多留侧蔓节数，能显著增加产量。对主蔓第一花序以下各节位的侧枝，要及早打去。

对第一花序以上各节位所生弱小叶芽，也要及时抹掉，以促进同节位的花芽发育。豇豆整枝引蔓宜于晴日下午茎、叶不脆时进行，以减轻对植株伤害。

（4）增枝增花和防止落花落荚。豇豆增生侧蔓及其花序的多少与强弱，关键在于幼苗期至开花结荚前期的管理和植株的营养水平。

开花结荚前期，要加强肥水供应，提高植株营养水平，避免植株衰弱，并注意及时防治病虫害，保护叶面积，可使侧枝发生量和侧枝花序数增多。同时还使已开花结荚的原花序上其他花芽也继续发育，增加开花结荚数。

【专家提示】

豇豆与菜豆一样也落花落荚相当严重。在一般栽培条件和管理技术水平下，结荚率仅为30%左右，防止豇豆落花落荚管理的关键时期是在幼苗期和开花坐荚期，开花坐荚期的管理参照菜豆此时期的管理要点。幼苗期是植株花芽分化形成的主要时期。此期在管理上促使幼苗实现健壮生长而不徒长，使花芽分化形成正常，花朵发育的完全，雌、雄蕊都具有较强的生活力，这样的花朵将来易授粉受精，花朵正常受精率高，即可减少落花。

（5）适时采收商品嫩荚。豇豆开花后第14天，荚果最长，鲜重最大，此时采收产量最高，而且品质最佳。

豇豆的每一个花序上有3对以上花芽，但通常只结一对或两对荚。

在植株生育状况良好、营养水平高时，可使大部分花芽发育成花朵，开花结荚。所以采收豆荚时，不要损伤花序上其他的花蕾，更不可连花序柄一起摘下。保护好花序，可继续增加开花结荚。

五、豇豆主要病虫害及防治

（一）主要病害及防治

豇豆主要病害有叶斑病、锈病、叶霉病等，病害防治有以下技术途径。

实行轮作，一般新植地发病较少。

做好田间管理工作，及时清除病叶残株，带出园外集中烧毁。

及时喷药。病害多在开花前后发生，必须及时喷药。对于病害的防治都应在抽蔓后期，隔5～7天喷1次，连续喷2～3次。选用药剂参考菜豆栽培部分。

（二）主要虫害及防治

1. 豆荚螟

豆荚螟是豇豆的主要害虫，可为害叶、花和嫩荚，其防治措施有以下几点：

一是及时清除被害卷叶、落蕾、落花及落荚，减少虫源。

二是采用黑光灯诱杀成虫。

三是为害严重时，应及时采用药物杀死。从现蕾开始每隔7～10天喷药1次，连续喷3～4次，但要注意采收前7天停止用药。用1.8%阿维虫清乳油3 000倍液，或用2.5%溴氰菊酯乳油3 000倍液，或用20%氰戊菊酯6 000倍液，在盛花期与2龄幼虫盛花期喷第一次，7天喷1次，连喷2～3次，清晨花开放时打药。

2. 蚜虫

棚室内悬挂黄板于行间或株间，高出植株顶部，每亩挂30～40块。当黄板上粘满蚜虫、白粉虱等害虫时，清除掉再涂一层机油，一般7～10天清除1次。

苗期蚜株率达到15%时，定植期蚜株率达30%时，可用10%吡虫啉可湿性粉剂1 500倍液或50%避蚜雾可湿性粉剂2 000倍液喷雾防治。

3. 红蜘蛛

当开始点片侵害时，可轮换使用1.8%阿维菌素乳油3 000倍液和73%克螨特乳油1 500倍液喷雾防治，重点喷叶背面。

4. 美洲斑潜蝇

在产卵盛期和孵化初期可用1.8%阿维菌素乳油3 000～4 000倍液或25%阿克泰水分散颗粒剂5 000倍液或5%锐劲特悬浮剂1 500倍液喷雾。

【专家提示】

豇豆病虫害防治采用化学药剂时的注意事项如下。

◆ 严格选药：第一，优先选用生物农药。第二，选用高效低毒农药。严格控制好安全间隔期、施药次数和用药浓度。第三，严禁使用剧毒、高残留的农药。

◆ 适期用药：选择虫害发生发展过程中最薄弱的时期施药。药剂防治应尽量做到"治花不治荚"，把害虫消灭在初龄蛀荚之前。一定要严格控制好安全间隔期。

◆ 适量用药：适量用药包括严格控制用药浓度和剂量，适当减少用药次数等。

◆ 正确施药：由于病虫害种类不同，可根据其不同的田间分布状况，选择适当的施药方式。

第八章　日光温室叶菜类蔬菜标准化生产技术

第一节　日光温室韭菜高效生产技术

一、韭菜的属性

韭菜为多年生宿根草本植物，别名草钟乳、起阳草、懒人菜。韭菜是以嫩叶和柔嫩的花茎为产品，可以炒食或作馅，气味芳香，营养丰富。

韭菜原产中国，主要在中国和少数亚洲国家栽培。至今华北、西北、东北等地山野仍有野生韭菜的分布。

中国韭菜设施栽培历史悠久，汉代已有温室栽培韭菜，北宋时有韭黄生产。韭菜是高产、稳产蔬菜，可利用露地和塑料拱棚、覆盖拱棚、温室、地窖等多种保护设施周年生产。

二、日光温室品种选择

目前，生产上常用的品种，以其叶片的宽窄可分为宽叶韭和窄叶韭两类。

（一）宽叶韭

叶片较宽，品质柔嫩，产量较高，但韭味稍淡，易倒伏。在北方保护地栽培普遍。主要品种有汉中冬韭、天津黄苗、马蔺韭、河南 791、嘉兴雪韭。

（二）窄叶韭

叶片窄，直立不易倒伏，叶色深绿，纤维较多，香辛味浓。

耐寒耐热，尤其对夏季阴雨天气适应性强。适于露地栽培和各种囤韭。主要品种有北京铁丝苗、河南红根韭、细叶韭菜。

三、日光温室茬口安排

日光温室韭菜栽培一般有以下3种形式。

（一）周年生产

这种生产在冬季是用日光温室进行保温，夏季在温室框架上覆盖遮阳网遮光降温，一年四季不间歇地进行生产。

（二）一大茬生产

从秋末或冬初开始扣棚，直到早春进行的一大茬生产。

在秋末或冬初，将韭菜扣棚进入温室生产，连续收割四五刀后，揭膜转入露地养根，等待下一年继续投入生产。

在日光温室里只进行韭菜一茬生产，在经济上是划不来的，而在韭菜之后再定植一茬蔬菜则可大大地增加日光温室的产出效益。

（三）秋冬茬生产

韭菜作为日光温室秋冬茬栽培时，因所用品种不同又分两种情况。

一是利用起源于长江以南的浅休眠韭菜品种，于当地早霜到来后即收割一刀。整理地面后开始扣棚，转入温室生产，一般在棚内收割两刀后，到1月上中旬即转入下茬作物的生产。

二是使用起源于北方的深休眠韭菜品种，待入冬后韭菜地上部分全部干枯，再清洁地面，打破休眠，扣棚进行温室生产。一般也是收割两刀后，待到2月再定植下一茬的喜温果菜。

【小资料】

把韭菜作为日光温室的前茬，韭菜与喜温果菜连茬生产，这是日光温室最有代表性的一种种植制度，形式虽然简单，但经济效益和生态效益都是非常可取的。

四、日光温室韭菜生产

一般都在秋冬季节，作为黄瓜、番茄的前茬，于早春2月份行间定植黄瓜或番茄进行冬春茬生产。这茬韭菜在京、津一带一般于小雪至大雪韭菜回根后扣膜保温生产。若选用不需回青可连秋生产的河南791或嘉兴雪韭，可在10月中旬气温降至5～8℃之前扣膜，进行连秋生产。

（一）扣膜前的准备

对于汉中冬韭、马蔺韭、津南青韭等需“回青”的韭菜品种，必须等到地上部干枯或基本干枯才能扣膜。

秋末应防止大肥大水，促进其回根。

扣膜前要浇水补肥，冬前灌冻水水量要大，结合浇水追施稀粪或复合肥，清除残茎枯叶，耙土晾根。

耙土时用铁齿钩横着耙，一般耙5～8厘米深，露出“韭茬”为止，冻晒7天左右，待鳞茎发紫时即可。

用晶体敌百虫、辛硫磷等农药对水灌根，毒杀越冬根蛆，同时灌入20～30毫克/升的赤霉素溶液有利于打破休眠。

【专家提示】

不“回青”可连秋生产的韭菜，如杭州雪韭、河南791等，扣膜前7天左右可收割一刀作为商品出售，但要留高茬，因为此时价格不高，留下高茬可为下一刀积累较多的营养。扣膜前应施足肥，浇足水。

（二）扣膜

日光温室韭菜扣膜时间应考虑品种和上市时间，回根后扣膜的，头刀需扣棚后40～45天收割，第二、第三刀需25～30天来推算扣膜时间，以便头刀或二刀赶上元旦、春节上市。

一般“回青”韭菜扣膜宜在当地日平均气温1℃左右时进行，在冀中南是12月上旬，辽南多在11月中下旬；“不回青”

韭菜的扣膜时间一般在当地严霜到来之前，冀中南是10月下旬至11月上旬，辽南在10月中旬。

（三）扣膜后的管理

1. 温湿度管理与通风

韭菜属喜冷凉蔬菜，生长适温为12～24℃，在未萌芽前，气温可尽量高些，以气温促地温，白天气温可到30℃，当韭菜长出地面后，温度必从严管理。第一刀韭菜生长期间，白天温度宜掌握在17～23℃，尽量不超过24℃。以后各刀的生长期间，控制的温度上限可比上刀高2～3℃，但尽量不超过30℃。

温度高要通过通风来控制，连秋韭菜扣膜初期外温高，可放底风，天气转冷后，特别是“回青”韭菜萌发后，一般不能再放底风。严冬季节放风可开启上排放风口，如果湿度大、温度高，也可同时启开上下排通风口，这样不仅可降低湿度，排除氨气，也可控制温度不会过高，防止韭菜腐烂。

【小资料】

连秋韭菜扣膜初期，外界温度较高，温室内温度极易超过30℃，应注意控制温度；否则，温度过高，韭菜生长过快，使头刀韭菜生长期缩短，减少了向根内补偿养分的机会，影响后期的产量，且这刀韭菜腐烂严重，品质也不好。

韭菜虽不怕冻，能忍受0℃左右的低温，但韭菜夜温不宜太低，头刀韭菜生长期间以保持10～12℃为宜，昼夜温差控制在10～15℃，以后各刀韭菜生长期间，随着白天温度的提高，也应提高夜温，当外温过低，夜温难以保证，必须加强夜间保温，防止结露。

韭菜叶片喜欢干燥，空气湿度过高易引发病害。空气湿度不超过80％为宜，降低空气湿度的方法重点放在减少地面水分蒸发和加强保温，避免夜间温度过低。

2. 肥水管理

由于前两刀主要依靠根系和鳞茎中储存的营养和扣膜前所浇冻水和追肥进行生长，不强调浇水和追肥。

每刀韭菜收割前5～7天浇1次增产水即可。一是增加当茬产量，保持茎叶鲜嫩；二是造成底墒，为下茬韭菜的萌发和早期生长提供水分保证。

3. 中耕培土

扣膜后，随着韭菜田间水分的散失，在韭菜行间连续浅中耕2～3次，疏松土壤，通过减少土壤水分蒸发，促进韭菜萌芽生长。

沟栽韭菜为软化叶鞘，防止倒伏，还应进行培土。每刀韭菜长到10厘米左右时，从行间取土培到韭菜根上，株高20厘米时第二次培土，每次培土3～4厘米，每刀培土2～3次。

（四）收割

温室韭菜从扣膜到第一刀收割间隔的时间一般掌握第一刀收割前至少有30天的生长期，至少长足4片叶。

温室韭菜宜在上午收割，草苫掀开以方便干活即可，待收割完再完全揭苫，这样有利于保持韭菜新鲜。

每次收割下刀宜浅，为下茬留下较多的养分。

（五）撤膜后的管理

撤膜后的管理与露地韭菜相似，根据生长情况和市场需求进行收割，一般在早春收割2～3刀后进入养根期。

加强田间管理，培养健壮根株，直到初冬前不再收割。

五、常见生育障碍及防治

（一）生理性干尖

即韭菜叶尖干枯。发生原因有3种情况。

1. 施肥不当

韭菜适应中性土壤，若土壤呈酸性或大量施用酸性肥料，会造成酸性危害，使韭菜生长缓慢，叶片细弱，外叶枯黄，出现干尖。浇水后地表仍有碳铵肥料残留，或在地面撒施尿素，都可能在扣膜后挥发出氨气，引起氨气中毒。

2. 环境条件变化

棚室内长期高温干燥，或连阴骤晴，或高温后遭受冷风侵袭，也可导致叶尖枯黄。

3. 营养不足

缺钙、镁、硼等元素也会引起叶尖枯死。为避免在酸性土壤种韭菜，对于酸化土壤，要增施有机肥；扣膜前后不要施入直接或分解后可产生氨气的肥料，一次施肥量不宜过大；加强管理，不使温度过高或过低；注意施用有机肥，补充各种微量元素。

（二）黄撮和黄条

1. 造成黄撮和黄条的原因

叶片黄化为黄撮，半绿半黄为黄条。造成这种现象的原因很多，主要有以下几种。

（1）贪刀。收割间隔时间过短，大量消耗营养物质，而难以完成必要的营养积累，从而影响根系的发育。据调查，黄撮或黄条的韭菜，不但鳞茎细短，植株矮小，而且鳞茎储藏根中的养分已消耗殆尽，所有这些根系已停止伸长，而且已变为根冠粗硬的木栓化根，基本丧失了吸收营养物质的机能，地上部的同化作用难以正常进行，叶绿素消失，叶黄素相对显现，即形成黄撮或黄条。

（2）狠刀。即在收割时所留叶鞘过短，将储藏养分的叶鞘基部割得太多，损耗的养分增多，造成营养失调，从而抑制了根系的发育，使根系吸收功能减弱。根系的矿物营养供应不足，就会使光合作用降低甚至停止，必然使叶绿素减少，叶黄素显现，而呈现出黄撮或黄条。

（3）水分供应失宜。冻水浇得过早，冬春雨雪少，天气干旱，或在收割期间不适当地浇水，都会使耕作层的土壤水分失调。水分少，土壤中可溶性矿物质营养也少，根系营养补充不足。当鳞茎和储藏根养分消耗殆尽时，易发生黄撮或黄条现象。

2. 防治方法

要控制好适宜的收割间隔，一般为30天左右收割1次，最短不低于25天。

对狠刀造成的，要注意留茬高度，并且每割一刀留茬要提高1～2厘米。

对盐碱危害，要避开盐碱地，并应注意合理施肥，防止施肥不当造成棚室土壤盐碱化。

对水分不足造成的，应适时浇水。

（三）韭菜塌秧及红梢子病

韭菜的塌秧主要是连续降雨过多、雨量过大、土地不平、排水不良形成积水，造成韭菜的塌秧和沤根。而韭菜干梢子则是由于塌秧和沤根后根系发育不良，水分的吸收和蒸发不平衡所致。及时排水，防止棚室内积水或大水漫灌，及时通风换气，降低土壤湿度；培养根株，恢复健康。

塌秧韭菜若遇早春多雨，气温、地温较低时，由于土壤水分过多，土壤通气不良，导致叶梢为紫红色。发现此病时，应立即停止收割，加强肥水管理，培养根株，使植株恢复健壮后再进行正常生产。

六、韭菜主要病虫害及防治

设施韭菜生产病虫害防治是关键环节，应彻底做到选用安全、高效、低毒、低残留的农药，严格掌握用药时期、有效剂量、施药与采收的安全间隔期，确保韭菜的安全品质。

（一）主要病害及防治

非菜主要的病害有灰霉病、疫病、霜霉病等病害。

1. 韭菜灰霉病

发病时可用50%速克灵可湿性粉剂1 000倍液或50%多菌灵500倍液或50%扑海因可湿性粉剂1 200倍液或50%农利灵可湿性粉剂1 000～1 500倍液，于韭菜收割后第2天喷淋，连喷2～3次。

也可在拱棚内每亩用10%腐霉利烟雾剂250～300克熏蒸。

2. 韭菜疫病

发病初期可用72.2%普力克水剂600～800倍液或58%甲霜灵可湿性粉剂500倍液或69%安克锰锌可湿性粉剂1 000倍液或58%甲霜灵锰锌可湿性粉剂500倍液或72%杜邦克露可湿性粉剂700倍液或64%杀毒矾可湿性粉剂400倍液或80%大生可湿性粉剂600倍液于韭菜收割后喷雾防治，每5天喷1次，连喷2～3次，7～10天喷1次，连续喷2～3次。

3. 韭菜霜霉病

用50%速克灵可湿性粉剂1 500倍液或50%扑海因可湿性粉剂1 000倍液或50%多菌灵可湿性粉剂500倍液或50%农利灵可湿性粉剂1 000倍液或70%代森锰锌可湿性粉剂400倍液或65%甲霜灵可湿性粉剂1 000倍液或72%杜邦克露可湿性粉剂700倍液，7～10天喷1次，连续喷2～3次。

大棚栽培还可用百菌清、速克灵烟雾剂熏烟。

【专家提示】

韭菜病害重在预防，结合农业防治、物理防治、生物防治等方法，尽量不要选择化学防治方法。综合防治措施如下。

◆ 农业防治：选用抗病品种，如黄苗、中韭2号、克霉1

号、791 雪韭等品种；加强棚室通风排湿，注意透光通风，增强韭菜抗病性；及时中耕松土、保持田园清洁；发病的韭菜连同土壤及时清除出棚室外。

◆ 物理防治：用高锰酸钾 1 000 倍液喷雾可防治多种韭菜病害。

（二）韭菜主要虫害及防治

韭蛆是韭菜设施生产中危害最严重的一种虫害，生产中要以防治韭蛆为重心。坚持“预防为主，综合防治”的虫害防治原则。生产过程中尽量不使用化学农药，可以采取综合防治的方法。防治措施如下。

1. 成虫盛发期糖醋液诱杀成虫

用糖、醋、酒、水和 99%敌百虫晶体按 3∶3∶1∶10∶0.6 比例配成溶液，每亩放 2～3 盆，随时添加，可于种蝇成虫盛发期诱杀。

2. 粘杀成虫

韭蛆发生较重的地块，尤其是保护地，在成虫盛发期可用粘虫胶粘杀成虫，方法是用 40 份无规聚丙烯增粘剂与 60 份机油充分混合，在 30℃恒温水中搅拌溶化，做成 40%的粘虫胶，涂于粘虫板两面，胶厚 1 毫米，田间设置高度 45～65 厘米，每亩插粘虫板 60 块为宜。

3. 扣网避虫

撤棚膜后，及时扣上 60 目以上防虫网。在隔离带和田间地头种植蓖麻等驱虫植物。

4. 生物农药防治

定植前在土壤中加入粉碎的蓖麻子或蓖麻秸秆防虫效果明显。用 5%云菊 1 000～1 500 倍液喷雾防治，可较好防治韭蛆成虫、潜叶蝇等。在韭菜生长期间，可采用每亩每次用 2%苦参碱水剂500毫升浇灌防治。

5. 化学药剂防治

霜冻前40天左右，用10%菊马乳油3 000倍液或50%辛硫磷乳油1 000倍液喷雾防治韭蛆成虫，每7天喷1次，连喷2～3次，重点喷洒韭菜根部。也可每亩用48%地蛆灵乳油300～400毫升或48%乐斯本乳油400～500毫升对水500毫克，用水壶或喷雾器去掉喷头顺垄浇灌。

因韭菜每茬的生长期较短，再加上叶内含有挥发油，对有机磷制剂有强吸附性，故在收割前8～10天应停止用药。

第二节　日光温室芹菜高效生产技术

一、芹菜的属性

芹菜是伞形科二年生草本植物，原产于地中海沿岸及瑞典等地的沼泽地带。在我国栽培历史悠久，南北各地都有种植。

芹菜的食用部分主要是脆嫩的叶柄，营养丰富。维生素中以胡萝卜素、维生素 B_2 含量较多；矿物质以钙、磷、铁含量较多；并含有挥发性芳香油，具有特殊香味，可增进食欲。

芹菜可炒食、凉拌、作馅等。茎叶还可药用，有降压、固肾止血、健脾养胃之功效。

二、日光温室品种选择

栽培上按叶柄形态分为本芹和西芹两类。

（一）本芹

本芹即中国芹菜，叶片发达，叶柄细长，一般宽3厘米以下，长50～100厘米，纤维较多，绿、白、黄芹均有，空心芹较多，在中国栽培普遍。北方主要优良品种有津南实芹、铁杆芹菜、玻璃脆芹菜、白庙芹菜等。

（二）西芹

西芹又叫洋芹，从欧美引进。叶柄特别发达，宽而较短，多为实心，一般宽3～5厘米，长30～80厘米，纤维少，纵棱凸出，味淡、品质好，依叶柄色泽可分为绿色、黄色、白色及杂型4个品种群，我国栽培的主要是绿色品种群。西芹在我国作为稀特菜发展很快，栽培面积已超过本芹，尤其是设施内芹菜生产以西芹为主栽品种。优良品种有高优它52-70、嫩脆、荷兰西芹、加州王、佛罗里达683等。

三、日光温室茬口安排

芹菜在凉爽、短日照条件下，营养生长旺盛，产量高，品质好。所以，以秋季栽培为主，其次为越冬芹菜和春芹菜。

北方地区无霜期短，气候寒冷，设施栽培形式，阳畦、大中小棚、日光温室均可栽培芹菜，其中以塑料大棚、日光温室芹菜栽培面积大利用这两种设施一般在7月上中旬育苗，9月上中旬定植，可赶到元旦、春节上市。设施栽培一般采取前茬栽培芹菜，主茬栽培果菜类蔬菜。

四、日光温室西芹栽培技术

（一）育苗

1. 播种时期

选择耐寒性强、叶柄充实、生长快、质优、丰产、抗病的品种，于7月上中旬至8月上旬播种育苗，较当地秋芹菜推迟一个月播种。

2. 种子处理

播种时因温度高、出苗慢而且参差不齐，播种前应进行浸种低温催芽。

先置于55℃温水中浸泡15～20分钟，捞出后清水浸种12～24小时，搓洗种子并晾至阴凉处（15～20℃下）催芽，3～4天后约80%种子出芽后播种。

也可将种子与湿润的河沙混合后置冷凉处催芽，或在冰箱中冰冻处理催芽。

3. 精细播种

苗床宜选择在阴凉处，或套种在瓜架、豆架之下，利用瓜、豆遮阴。也可将芹菜种子与少量小白菜或四季萝卜混播，后者生长较快，用以遮阴。

播时种子要掺适量沙子，以利播种均匀。

播后立刻覆细土0.5厘米，注意厚薄一致，以保证出苗整齐。同时在畦面覆盖苇箔、高粱秆或麦秸、稻草等。形成花荫以降温、保湿、防雨。

4. 苗期管理

出苗前要保持土壤湿润，播后第二天即浇第一水，以后视表土发干板结情况浇水。

出苗后逐步撤去覆盖物，最好选择阴天或午后撤，并先浇清水，降低苗床温度，以防幼苗晒伤。因芹菜根系弱，不耐干旱，出苗后仍要勤浇、浅浇、匀浇，保持土壤湿润。但也不可浇水过多，以免根系分布在表面不易下扎，而遇高温后受伤。

雨季要及时排除畦面上积水，雷阵雨后要及时浇水降温，防止死苗。幼苗在子叶期进行第一次间苗，用镊子拔去弱苗，两叶期按1厘米的营养面积定苗。

另外防止幼苗徒长，注意防止杂草及病虫害。

幼苗三四片真叶时随浇水施一次速效性氮肥，每亩施入20千克。西芹日历苗龄50～60天，4～5片叶时定植。

（二）定植

应根据各地气候特点，适期定植。定植过早，温度高，幼苗缓苗慢。栽植前，苗床浇透水，连根带土挖出。取苗时将主根于4厘米左右铲断，在此范围内可发生大量侧根和须根。芹菜苗栽植前应按大小分类，分别栽植，使苗子生长整齐。定植深度以埋住根茎为宜，太深浇水后心叶易被泥浆埋住，造成死苗。

合理密植是芹菜优质、高产的关键，原则上应充分发挥群体的增产潜力，但又不使单株生育受抑制。具体栽植密度应根据品种特性及栽植方式决定。平畦穴栽一般株行距为13～15厘米，每穴两三株；或单株栽植，行株距各10厘米左右。培土软化的芹菜多沟栽，穴距10～13厘米，每穴三四株或采取株距10厘米单株栽植。

（三）田间管理

芹菜根系浅，浇水应勤浇、少浇。苗期和后期需肥较多，初期需磷最多，后期需钾最多。

1. 苗期管理

（1）缓苗期肥水管理。应勤浇、浅浇，保持土壤湿润，并降低地温。

（2）蹲苗期管理。在缓苗后浅中耕，进行适当蹲苗锻炼。蹲苗后一般地皮显干，就应及时浇水，防止蹲苗过度。蹲苗期一般10～15天。

（3）营养生长旺盛期管理。芹菜生长最适宜的温度为14～20℃，此期是产量形成和增长的关键时期，应加强温度管理及肥水供应，确保芹菜高产、优质。蹲苗结束后立即追施速效氮肥，以后连续追施两三次速效氮肥，并注意磷、钾肥配合施用。要不间断地均匀供水，保持土壤湿润。

2. 土肥管理

土壤干燥还易使硼素吸收受到抑制，叶柄常发生“劈裂”，可每亩施用0.5～0.7千克硼砂防治。

西芹需钙量较大，缺钙易烂心，生长中期可在叶面喷洒1.5%过磷酸钙浸出液。

北方地区一般霜降后浇水可适当减少，否则地温过低，叶柄不易肥大。

收获前20天后用20毫克/升的赤霉素处理，结合肥水管理，可促进生长，提高产量。

准备储藏的芹菜，收获前7～10天停止浇水。

3. 生长期管理

西芹单株较大，生长期间需及时培土，并摘去分蘖，提高叶柄品质。

培土软化的芹菜当植株高25厘米左右，天气转凉后开始培土，气温过高时培土易发生病害，导致植株腐烂。

培土前要浇足水，以保证培土后植株旺盛生长所需。

培土在晴天、土壤较干、苗略失水时进行，阴雨天叶面有水时培土易造成植株腐烂，应选择晴天下午没有露水时培土。

土要细碎，勿使土粒落入心叶之间，以免引起病烂。

一般培土三四次，每次培土厚度以不埋住心叶为度，总厚度18～20厘米。若沟栽行距较宽，培土厚度可达25～30厘米。

培土软化的芹菜，叶柄洁白柔嫩，味道鲜美。

（四）采收

采收后假植储藏，冷藏时应掌握在不受冻的原则上，适当延迟收获。

西芹叶柄肥嫩多汁，收获时应轻拿轻放，以免机械损伤，影响产品商品性。

西芹一般在定植后100～120天收获，齐地面整株收割。

五、常见生育障碍及防治

（一）烧心

原因：主要发生在11～12片叶时。初期心叶叶脉间变褐，逐渐叶缘呈黑褐色。烧心是由缺钙引起，一般在高温干旱、施肥过多的条件下发生。

防治措施：防止烧心要加强肥水管理，做到温湿度适当，对酸性土加入石灰调节土壤酸碱度使之保持中性。还可叶面喷施0.5%氯化钙水溶液。

（二）空心

原因：指叶柄出现海绵状组织或中空的生理老化现象，空心部位出现白色絮状木栓化组织。在沙性土壤尤其是肥料不足或后期脱肥，易造成空心。此外，土壤干旱、芹菜受冻也会发生空心。

防治措施：防止芹菜空心病应选择非沙性土壤栽培，施足腐熟有机肥，适时追肥。发现叶色变浅时可喷施0.1%尿素液肥或绿芬威叶面肥，视叶色连续喷施2～3次。此外，成熟时要及时采收。

（三）叶柄开裂

原因：主要发现为茎基部连同叶柄同时裂开，影响品质。发生开裂的原因多数是在低温、干旱条件下，生育受阻所致。此外，突发性高温、多湿，植株吸水过多，造成组织充水，也会开裂。

防治措施：防治叶柄开裂应为芹菜提供适宜环境条件，尤其是适宜温湿度管理。生育期内应均衡水分供应，尤其是在心叶肥大期应注意不要突然水分过高。

（四）缺硼

原因：表现为叶柄肥大、短缩、开裂并向内侧弯曲。其原因是土壤中缺硼或土壤中其他元素偏多，致使植株对硼的吸收受到抑制。

防治措施：施足充分腐熟的有机肥，或每亩施硼砂15千克与有机肥充分混合，也可叶面喷施0.1%～0.3%硼砂水溶液。

（五）沤根

原因：发病时一般幼苗根部不发生新根，根皮发黄呈锈褐色，最后腐烂。苗期遇连续阴天，或雨雪天气，气温下降，光照不足，地温过低，再加上土壤湿度过大，使幼苗生长势减弱，根系生理活动下降，均易发生沤根。另外，在黏土地、低洼地以及排水不良地，或浇水过多时，易发生该病。

防治措施：苗床应选在地势高燥，地下水位较低，排水良好的地方。避免在低湿的低洼地建苗床；利用现代的育苗技术，如电热温床技术、人工控温育苗技术等，保证苗床的温度条件适宜；加强苗床的温度和湿度管理。

（六）纤维增多

原因：一般绿色品种含的纤维素多，而白绿色、黄绿色品种含的纤维素较少。实心品种比空心品种含纤维素少。在栽培时，应尽量选用含纤维少的品种；生长期如遇高温、干旱等因素，或缺肥、病虫为害等，均会刺激纤维组织增加，而降低品质。

防治措施：栽培中应适当浇水、追肥，及时防治病虫害；芹菜收获晚，组织老化，则纤维素增加。适期收获可减少纤维素含量。适当喷施赤霉素，不仅可提高产量，也可减少纤维素含量，改善品质。

【专家提示】

纤维素增加，致使食用品质低劣。芹菜纤维素含量的多少除了和品种、栽培管理有关外，栽培季节直接会影响芹菜的品质，高温、强光的夏季一般芹菜纤维的含量增加，品质会下降。

因此，芹菜比较适宜设施栽培。

（七）先期抽薹

原因：植株具有2～3片真叶后，在10℃以下的低温条件，经过10天的时间植株即可通过春化作用，在高温、长光照条件下即抽薹开花。

防治措施：选用冬性强的品种，利用较新的种子；育苗期应保证温度条件适宜，改善光照、温度环境，生长期加强水肥管理；适期早收，采用劈叶收获方法，生长盛期喷20～50毫克/升的赤霉素，可促进生长，抑制先期抽薹。

【小资料】

芹菜作为食用商品收获前，植株长出花薹的现象，称为先期抽薹。芹菜的食用部位是叶和叶柄，一旦出现抽薹现象，芹菜食用品质会下降。

六、设施芹菜主要病虫害及防治

（一）主要病害及防治

设施芹菜主要病害有芹菜斑枯病、芹菜软腐病和芹菜病毒病。

1. 芹菜斑枯病

芹菜斑枯病发病初期，可用波尔多液（1∶0.5∶200）或27％高脂膜乳剂80～100倍液或农抗120的150～200倍液或75％百菌清500～800倍液或65％代森锌可湿性粉剂500倍液，7～10天喷药1次，连续喷3～4次。

2. 芹菜软腐病

发病初期开始喷洒72％农用硫酸链霉素可溶性粉剂4 000倍液或新植霉素3 000倍液或14％络氨铜水剂350倍液，每7天喷1次，连续喷2～3次，重点喷植株基部及地面附近。

3. 芹菜病毒病

可用病毒K15毫升加医用病毒灵15片加病毒A 30克加天然芸薹素3克对水15千克，或用植病灵15毫升加医用病毒灵15片加农用链霉素3克加硫酸锌50克加萘以酸20毫克/升对水15千克喷雾。在喷药时第一遍喷药浓度要大，第二遍按照一般用量即可。与此同时要喷施一些防治白粉虱和蚜虫的药剂（参见瓜类白粉虱和蚜虫的防治），以防治害虫传播病毒。蚜虫和温室白粉虱可用1%苦参碱400～1 000倍液或2.5%鱼藤酮乳油1 000倍液，25%扑虱灵、灭螨猛1 000倍液或灭蚜威等喷雾防治。

【专家提示】

设施芹菜安全生产，病害的防治过程中，始终贯彻“预防为主，综合防治”的植保方针。常用的病害综合防治方法如下。

◆ 避免连作，实行两年以上轮作。

◆ 可选择较丰产而又抗病的芹菜优良品种，并进行种子消毒。

◆ 加强栽培管理。培育壮苗；防旱，防涝，适时浇水施肥，促进植株健壮生长，提高抗病力；在定植、中耕、除草等各种操作过程中应避免在植株上造成伤口，防止病菌借伤口侵入；防止大水漫灌，加强田间排水，发病后少浇水，注意防止肥害。

◆ 并及时清除前茬作物病残体。

（二）主要虫害及防治

芹菜主要的虫害为蚜虫，蚜虫的防治见黄瓜蚜虫防治。

第九章　日光温室芽菜类蔬菜标准化生产技术

凡利用植物种子或其他营养器官，在黑暗、弱光（或不遮光）条件下直接生长出可供食用的芽苗、芽球、嫩芽、幼茎或幼梢，均可称为芽苗类蔬菜。

芽苗类蔬菜根据其所利用的营养来源，可分为以下两类：

(1) 种芽菜。种芽菜是指利用种子储藏的养分直接培育成幼嫩的芽或芽苗（多数为子叶展开，真叶“露心”）。如黄豆芽、绿豆芽、蚕豆芽、长生果芽以及龙须豌豆苗、娃娃缨萝菜、芦丁苦荞苗、紫（籽苗香椿、绿芽苜蓿、双维藤菜（蕹菜）苗、鱼尾赤豆苗等。

(2) 体芽菜。指利用二年生或多年生作物的宿根、肉质直根、根茎或枝条中累积的养分，培育成芽球、嫩芽、幼茎或幼梢等。如肉质直根在黑暗条件下培育的菊苣（芽球）；宿根——培育的苦荬芽、蒲公英芽、菊花脑、马兰头等（均为嫩芽或幼梢）；根茎——姜芽、芦笋等；植株、枝条——树芽香椿、枸杞头、花椒芽、豌豆尖、辣椒尖、佛手瓜尖等。

芽苗类蔬菜可进行多种方式栽培，但从发展趋势来看，利用厂房进行半封闭式、立体无土、工业集约化栽培方式取得较快的进展。

在芽苗类蔬菜工业化生产发展过程中，预计现代建筑材料的轻便型、组装式、低成本、高性能芽菜专用厂房的设计和问世将进一步替代目前采用的轻工业厂房和闲置房舍。

芽菜的种类将不断得到开拓，保健性芽菜、调味性芽菜的种类将有明显的增长，一些具有独特性能的芽菜将向工业食品方向延伸发展。

日光温室香椿芽高效生产技术

一、香椿芽的属性

香椿又叫香椿芽、香椿树芽、香椿树、椿阳树等，古称熏木。

我国是唯一用香椿芽作蔬菜的国家，其主要分布于黄河与长江流域之间。

香椿芽菜营养丰富，其营养价值在蔬菜中名列前茅，也是我国传统蔬菜中春淡季上市的珍品。香椿芽菜可热炒、油炸、腌渍、凉拌、制干粉和液汁。

因含有芳香物质，香味浓郁，可作为重要的调味菜，还有防治感冒和肠炎的药用功效，也是糖尿病人的保健蔬菜。

自从 20 世纪 80 年代中期以来，国人对香椿芽生产的研究增多，在技术上有了突破性进展，广大菜农在发展反季节蔬菜生产中，首次改革香椿芽的生产方式，采取培育香椿矮化苗木，利用日光温室，于冬春进行高度密植栽培，生产香椿芽，产量高，效益好。因此，发展棚室香椿芽生产，不仅能提供大量优质绿色（无公害）蔬菜，同时经济效益也十分可观。

二、日光温室品种选择

（一）香椿的种类

1. 红香椿

香椿芽初生时呈棕红色，芽蔓伸长逐渐变为绿色，叶面皱缩，芽粗壮鲜亮，嫩脆多汁，香气浓郁，微有苦味。

该类型的品种耐低温、早发，品质优良。椿芽腌制后或炒食味醇正香美，市场销售价较高。适于冬季棚室保护地栽培。

2. 褐香椿

嫩芽褐红色，光泽鲜亮，肥壮，叶厚而大，香味浓郁，汁多，略有甜味。叶展后变为褐绿色，成叶变为暗绿色。

枝条开张，其中有些植株自然矮化，二年生只有 40～60 厘米高，适于棚室保护地矮化密植栽培。

3. 菜香椿

幼芽不易木质化，质嫩如菜蔓。芽淡褐红色，展叶后表面黄绿色，背面微红，叶面皱缩，叶上有许多浅红色斑点。小叶多达 17～23 个。

芽嫩、香味浓、汁多，采收期长，也是适于棚室保护地栽培优良类型。

4. 红芽绿香椿

嫩芽期为棕红色，展叶后转为绿色，发芽较早。芽味较淡，品质稍差。

该类型发芽较早，幼芽木质化较慢，生长旺盛，产量高。但因嫩芽很快由棕红色转为青绿色，群众称其为青椿芽。可用做棚室保护地早熟、高产栽培。

5. 红叶香椿

幼芽期为深棕红色，皱缩。展叶后羽叶的前端小叶边缘淡红色，其余小叶绿色。

幼芽香味较淡，易木质化，品质差，但耐寒抗旱性强，发芽早，落叶迟，生长旺盛，成材快。宜于北方高寒地区露地材、菜兼用种植。

（二）香椿的优良地方品种

香椿品种很多，如黑油椿、红油椿、红香椿、水椿、青油椿、薹椿、红芽绿椿、红叶香椿等。

也有一些优良地方品种，如太和香椿、商丘红香椿、焦作晋城香椿、烟台西牟香椿、沂蒙香椿、井陉台阳香椿等，均为国内名产香椿芽。

三、日光温室茬口安排

头茬为香椿，采用当年生或两年生苗，于10月下旬至11月上旬从露地起苗进行假植，11月下旬定植，元旦前后采收香椿嫩芽，4月下旬将香椿苗移出棚外。第二茬为夏白菜，品种选用夏阳50、夏胜等，于5月初直播，8月上中旬收获。第三茬为秋菜花，品种选用白雪公主、秋雪50等，7月中旬育苗，8月中旬定植，10月中旬采收。第四茬为香油麦菜，9月中旬育苗，10月中旬定植，11月下旬一次性采收。

四、日光温室香椿早熟密植栽培技术

（一）品种选择

日光温室栽培香椿，应选用耐寒、早熟、芽生长快、叶色鲜红、香味浓、抗病、株型矮壮、落叶休眠早、品质优的品种，如黑油椿、红香椿、褐香椿等。

（二）培育矮壮苗木

温室密植栽培一般采用露地育苗，温室生产的模式。日光温室密植栽培时，用苗量大（每平方米100棵左右）。一般一次育苗，可连续生产3年，3年以上的树苗生产能力下降，不宜再进行温室生产。

1. 确定播种期

香椿的育苗期至少需要6个月以上，播种期安排在3～4月，一般香椿于10月底至11月初落叶进入休眠期。

2. 选种

应尽量选北方生产的种子，南方生产的种子在北方多表现出生长速度快、树干偏高、树体不壮等问题。选用上年饱满种子，搓去翅膜后浸种，然后置20～25℃温度条件下催芽。

香椿种子的寿命比较短，应选择头年秋季收获的种子育苗。种子应选择饱满，颜色新鲜呈红黄色，仁呈黄白色，净度在98%以上，发芽率在80%以上的新种子。

【专家提示】

若种子呈黑红色、有油感、有光泽，失去了香椿种子特有的芳香味，变为霉味，种子干燥，用手抓时似有抓粮食的响声，则是陈种子或劣质种子，就不能用来育苗，最好先作发芽试验。

3. 种子处理

先将香椿种子在阳光下晒1～2天，并将种子上的翅膜搓掉。

然后用1%甲醛溶液浸种20分钟，浸后用清水冲洗干净，再温水浸种6～8小时，捞出种子，用湿布包好，置20～25℃催芽，催芽5～7天种子开始发芽。

4. 制作育苗畦

育苗时选择土质疏松肥沃，背风向阳，光照充足，排水良好且充分熟化的地块。

一般作畦规格为长15～20米、宽1.4～1.6米，每亩苗床施足腐熟有机肥5 000千克及三元复合肥50～60千克作基肥。

5. 播种

按温室栽培每平方米用种7～8克的播种量播种，每亩3～4千克种子。

苗床浇透水，将种子拌细沙均匀撒播到畦面上，覆土1～1.5厘米，并盖膜和扣盖小拱棚增温、保湿。

（三）苗期管理

在适宜播期和无地膜覆盖的情况下，播后7天左右种子开始发芽出土，半个月左右可齐苗，雨季干种子播种的需20天左右齐苗。发芽期管理的关键是防止跑墒和消除灌水后造成的土壤板结，土壤板结会使芽子无力出土而死亡。覆盖地膜的苗床，要在种子拱土时割膜放苗。割膜虽可一株株放苗，但太费工。如果温度过高，加上开口封闭不严，又会造成热气伤幼苗。相比之下，按苗幅宽割下一条膜，把留在行间的膜条用土封压住，形成条状开口放苗更为有利。

1. 温度管理

出苗后揭去地膜，白天温度控制在 20～25℃，夜间温度控制在 12～15℃；移栽前一周揭去棚膜，进行露天培育。

在行间中耕松土除草，向苗根处覆土 0.5 厘米，以稳苗和促进不定根的发生。

2. 肥水管理

播种时浇足底水，出苗期不浇水；当苗高 6～7 厘米，长有 2～3 片叶时要灌一次水；幼苗期应勤浇小水，见干见湿。

6 月中下旬到 8 月上中旬是当年播种苗的速生期，应以速效氮肥为主要追肥，并适量补充磷、钾肥，要勤浇水，保持畦面湿润，结合浇水追肥 2～3 次，每亩每次追施尿素 10～15 千克，雨季要注意排水。

8 月下旬应停止施用氮肥，此时应侧重追施磷、钾肥，叶面喷施磷酸二氢钾，以加速苗木木质化，并形成饱满的顶芽。

9 月中旬后幼树进入茎秆硬实期，要停止浇水，促茎秆木质化，防止幼树生长过快。如果肥水管理不当，枝条旺长或顶芽萌发，所发生的幼嫩干枝将来很容易被冻伤。

3. 间苗和分苗

出苗后间苗 2～3 次，保持苗距为 5～6 厘米，苗高为 10～15 厘米，具 4～6 片叶时，开始分苗。分苗行距 30 厘米，株距 20 厘米。

分苗结束后，将整个育苗畦均匀喷洒一遍多菌灵或双效灵防病。

4. 矮化处理

对生长中的苗木进行矮化处理是温室栽培香椿的一项关键措施，经过矮化处理的苗木一般表现为顶端生长受到抑制，促进香椿主干加粗，因而容易培育出枝干紧凑、矮壮的植株。同时这样的植株容易形成较多的侧枝和饱满的顶芽，使得在栽培相同密度下，总枝头数明显增多，有利于提高产量。

为控制株高不超过1米，7月中下旬，当幼树长到50厘米左右高时应进行矮化处理。香椿有两个生长高峰期，一是在4月中旬到6月中旬，幼苗高度的生长量一般是20～50厘米；二是7月到8月下旬，50天左右，高度的生长量可达60～90厘米。因此，6月中旬后，当年生苗40～50厘米高，第二个生长高峰期到来前，为了防止苗木雨季发生徒长，应抓紧进行矮化处理，以有效控制苗木的抽长和徒长。

香椿苗木的矮化处理通常采取两种方法。一种是控肥控水、摘心、截干。另一种是化学处理，多年生的苗木从6月底开始，当年生的苗木从7月中下旬开始，用15%多效唑200～300倍液，每10～15天叶面喷洒1次，连喷1～3次，可以收到较好的效果。

5. 优良苗木标准

棚室密植栽培优良香椿苗苗木的标准：当年生的苗木高0.6～1米，苗干直径1厘米以上；多年生苗木高1～1.5米，苗干直径1.5厘米以上，表现为组织充实、顶芽饱满、根系发达、无病虫、无冻害等。

（四）温室密植栽培技术

1. 整地作畦

选择栽培蔬菜的普通日光温室即可。亩施腐熟有机肥3 000～5 000千克及三元复合肥40～50千克，施肥后耕翻耙平作平畦，畦宽1.2～1.5米，畦南北向。

2. 定植

定植时期：在落叶17～20天后温度降至10℃左右，植株通过生理休眠后定植。当年生苗木100～150株/亩，二年生苗木80～100株/亩。栽后立即浇1次透水，3～5天后即可覆膜。

定植方式：定植方式一般分为两种，包括普通栽植和密植栽培。

普通栽植：一次定植在温室内多年生长。株行距一般为(25～30)厘米×(40～60)厘米，待入冬落叶后在1～5℃下经15～20天通过生理休眠后，即可扣膜保温生产。

密植栽培：一般于入冬落叶后起苗。起苗时尽量少伤根，主根长度要保持在20厘米以上。1年生独干实生苗，按株行距5厘米×20厘米，深度30厘米定植，多年生应减小栽植密度。栽后踩实，浇透水。

3. 定植后的田间管理

温度管理：栽植扣膜后，保持白天18～24℃，夜间不低于10℃，促进萌芽和椿芽生长。严寒季节要加强保温防寒。若室内湿度过大，可在中午放顶风排湿。

光照管理：定植初期顶芽萌发阶段，温室内要保持弱光照，一般晴暖天中午前后放下部分草苫，将温室遮成花荫即可。顶芽萌动后，温室内要保持强一些的光照，光照不足时，椿芽色浅、味淡，品质差。

湿度管理：定植后顶芽萌动前要保持温室内较高的空气湿度，以减少枝干失水，防止干梢。此期的适宜空气湿度为85%左右。顶芽萌动后，要降低空气湿度，适宜的空气湿度为70%左右，湿度过大时，椿芽着色差，香味也淡。

肥水管理：温室香椿生产主要依赖于幼树体内储存的营养，对施肥要求不高。定植前施足底肥，浇足底水，在以后的整个生产过程中，结合浇水追肥 1～2 次，每次追尿素 15～20 千克/亩。椿芽萌动期叶面喷洒 1 000 倍的磷酸二氢钾肥液，有利于提高椿芽的着色质量，增加风味。

4. 采收

春季上市，要保证扣膜后有 60～70 天的生长期。育苗当年的幼树可采收 2～3 茬嫩芽，两年以上的幼树可采收 3～4 茬，以后再长出的椿芽不采收，让其自由生长，养根恢复树势。

一般芽长 15～20 厘米时采收，顶芽整芽采收。侧芽留一两片羽状复叶，用剪刀剪下。采收用剪刀剪芽，不宜用手掰芽，以免损伤树体，破坏隐芽的再生能力。一般 7～10 天采收 1 次。至清明节停止采芽，将根株栽入露地进行平茬，培养翌年用的苗木。

【专家提示】

椿芽采收应于上午温室内温度低、空气湿度大时进行，此时采收的香椿芽含水量高，体态鲜艳、丰满，易于保鲜和储存。中午椿芽中的含水量低，质量差，不宜采收。采收后的椿芽按 100～200 克一束打捆，装入食品袋里保鲜。

（五）第二年及以后几年的管理要点

1. 平茬

第二年春季“清明”前后，用剪刀从地面上 5～10 厘米高处将树干剪短，剪后用豆油或油漆涂抹剪口保湿，防止剪口附近干缩。

2. 移栽

平茬一周后，选晴暖天将苗从地里挖出，移栽到事先整好的育苗畦里。移栽苗密度为行距 40 厘米，株距 20～25 厘米。

3. 田间管理要点

选留新干：移栽的香椿树茬上发出新枝后，选留最上边的一个粗壮枝作为新干，其余的侧枝全部抹掉。

肥水管理：第二年以后的香椿树苗根系大，枝干生长快，速生期来得早，要早施肥和浇水，以6月上旬开始施肥浇水为宜。要控制氮肥用量，防止茎秆徒长。

控制旺长：二年以上生的香椿幼树生长势强，容易发生旺长，要早控肥水，早喷生长抑制剂。一般喷洒生长抑制剂和控制肥水的开始时间较第一年提早半个月为宜。

五、香椿病虫害防治

（一）香椿主要病害及防治

幼苗期有时受立枯病为害，夏秋两季易发生叶锈病和白粉病。此外，香椿还会受香椿流胶病、香椿立枯病和香椿黄萎病的为害。

1. 香椿叶锈病

植株不宜太密，勿过多施用氮肥，注意通风透光，以减轻病害。发现香椿叶片上出现橙黄色的夏孢子堆时，可用0.3波美度石硫合剂，或用15%三锉酮可湿性粉剂1 500～2 000倍液，或用15%可湿性粉锈宁600倍液喷雾防治。

2. 香椿白粉病

冬季清除落叶和感病枝梢，集中烧毁，消灭越冬病原。发病初期用0.2～0.3波美度的石硫合剂或1%波尔多液，或用50%退菌特可湿性粉剂800倍液，或用15%粉锈宁600倍液，每隔10天左右喷1次。

3. 香椿流胶病

避免机械损伤、冻害伤和虫伤，加强管理，增强树势，促使伤口迅速愈合。刮除病斑，用20%抗菌剂401消毒，或用50%乙基托布津500倍液喷树干。

4. 香椿立枯病

苗期适时间苗，防止过密，选高地栽培，避免积水。及时拔除病株，病穴内撒入石灰，或用50%代森锌800倍液灌根。出圃苗用5%石灰水或0.5%高锰酸钾液浸根15～30分钟或用50%代森锌1 000倍液喷根茎。

5. 香椿黄萎病

避免与棉花、瓜豆、番茄、马铃薯、茄子、辣椒等易感染黄萎病的作物连茬；增施基肥和磷、钾肥；及时消灭零星病株，并于定植前10天，亩用40%棉隆10～15千克拌干细土15千克撒于畦面，后耙入土中，深15厘米，覆薄膜熏蒸消毒。发病初期用12.5%增效多菌灵200～300倍液，或用50%琥胶肥酸铜(DT)可湿性粉剂300倍液灌根，每株浇灌0.5千克。

(二) 香椿主要虫害及防治

1. 蝼蛄

蝼蛄有趋光性，利用灯光可诱杀大量成虫；用马粪、鲜草诱杀；注意施用充分腐熟的肥料；用90%敌百虫晶体0.5千克，加饵料50千克制成毒饵，于傍晚前后均匀撒在苗床上诱杀，毒饵用量2～3千克/亩。

2. 铜绿金龟子

可用蓖麻诱引，人工捕杀；黑光灯诱杀；喷1 000倍液的辛硫磷乳油或灌根杀死幼虫；喷90%敌百虫800倍液，杀虫效果也很好。

3. 香椿刺蛾

摘除越冬茧；幼虫发生期喷20%亚胺硫磷3 000～5 000倍液。

【专家提示】

栽培过程中要保障香椿芽安全，消费者放心食用，注意以下几点。

◆ 做好病虫害预测预报工作，在病虫害发生前或发生初期施药。

◆ 严禁使用剧毒农药和在采芽前使用农药，以防污染椿芽，对人体造成危害。

◆ 香椿树抗病性很强，采芽期即使发生病虫害也不必打药，香椿芽安全品质才有保障。

第十章 日光温室其他类标准化生产技术

第一节 日光温室平菇高效生产技术

一、平菇概述

平菇属伞菌目，口蘑科，侧耳属。侧耳属有几十个种属，其中绝大多数种属可食。目前人工栽培的有糙皮侧耳、美味侧耳（紫孢侧耳）、白黄侧耳、佛罗里达侧耳、凤尾菇、金顶侧耳（榆黄菇）、阿魏侧耳、刺芹侧耳、鲍鱼菇、红平菇等十几种。在我国，栽培最为广泛、产量最多的是糙皮侧耳，即我们常说的平菇。

平菇不但肉质细嫩、味道鲜美、营养价值较高，而且栽培原料广泛、技术易掌握、适应性强、生产周期短、产量较高，因此，深为种植者和消费者欢迎。

近年来随着食用菌种植品种的增加，栽培资源种类的拓宽，栽培面积的扩大和栽培地域的扩展，对食用菌实行优质安全生产已成为食用菌产业可持续发展的重要内容，这不仅是节约资源、保护环境、提高产品在国际市场竞争力、增加菇农效益的需要，更是使产品质量符合“天然、营养、保健”要求的需要。

二、栽培季节与栽培场地

（一）栽培季节

华北地区按自然气候条件，可在春、秋栽培，冬季加温也可栽培，而且冬季栽培成功率高，销售价格也高，可获得较好的经济效益。

【案例】

以河北省为例，栽培平菇的季节安排如下：每年7月中旬开始制母种，8月上旬开始制原种，8月下旬开始制栽培种，9月中旬接种栽培。之后可随时制种和栽培，最后一批接种栽培应在12月上旬进行，以便来年高温季节到来前生产结束。

（二）栽培场地

栽培场地分室内场地和室外场地两种类型，凡是能保温保湿的场所均可栽培平菇，如闲散房屋、日光温室、塑料大棚、地下室、防空设施、山洞等场所均可利用。

1. 室内场地

利用闲散房屋，如厂房、库房、民房等均可栽培平菇，但应进行必要的改造。宜选用北房，室内最好有顶棚，地面为水泥或砖，南北要有对称窗，靠近地面要有南北对称的通风口，四壁用白灰或涂料抹光，以便消毒。

利用地下室、防空设施、山洞等场所也可栽培平菇，但这些场所一般光线和通风条件较差，栽培时应增加光线，如每1.5平方米可安装1只60瓦灯泡。

2. 室外场地

阳畦或塑料棚受外界环境条件影响较大，易升温和降温，便于通风换气，但保温效果差，适合春、秋适温季节栽培。

半地下阳畦或日光温室能充分利用太阳辐射热升温，且保温保湿性能好，受外界环境影响较小，适合早春、晚秋和冬季栽培。

【小资料】

半地下阳畦建造时，宜选择背风向阳、地势高燥的地方。东西向长10～15米、宽4～5米，下挖0.5～1米深，用挖出的土将北框加高 1～1.5 米，南框加高 0.5 米，畦框厚度不限，东西两框自然倾斜并留门。地面上南北两框留对称通风口，每隔 2～3 米设一个通风口，每个通风口高 30～40 厘米、宽 20～30 厘米，东西两侧门的大小根据需要而定。畦内北侧两端或一端要修建拔风筒，畦面横架竹竿或木棍，畦内立若干个较粗的竹竿，以使顶棚更加牢固。棚顶覆盖塑料薄膜和草帘。这种半地下阳畦，河北省以南地区冬季不用生火加温就能栽培平菇，深受广大菇农欢迎。

三、品种选择

选用品种主要考虑品种的温度类型、出菇特点及其形态特征等。

北方选用的主要品种有平菇 2019、平菇 1500、灰平菇、平菇 2026、杂 24、白平菇和黑美平菇、黑优抗平菇等。

【专家提示】

栽培时可根据销售途径、消费者习惯等来选择品种，例如，河北省当地栽培、当地销售的大多以灰黑色为主，出口栽培品种大多以白色品种为主。

四、栽培料的选择与配制

（一）栽培料配方

1. 栽培料的主要原料

栽培料是平菇生长发育的物质基础。

根据平菇对营养的要求，多种农作物的秸秆皮壳均可栽培平菇，其中棉子壳、玉米芯作为主要原料产量较高，一些地区使用稻草、花生壳等作为栽培主料，也取得了较好效果。

我国北方玉米芯来源广泛，价格低廉，目前应用最多。

2. 栽培料的常用配方

现列举几种常用的配方：

（1）棉子壳94%、麸皮5%、石膏粉1%、多菌灵（50%）0.1%。

（2）棉子壳90%、麸皮5%、豆饼粉1%、磷肥1%、石膏粉1%、石灰1%、尿素0.2%。

（3）玉米芯（粉碎成黄豆粒大小）93%、棉子饼粉4%、过磷酸钙1%、石灰1%、石膏1%。

（4）玉米芯或花生壳87%、麸皮10%、过磷酸钙1%、石膏粉1%、石灰1%、尿素0.3%～0.5%。

（5）酒糟77%、木屑10%、麸皮或米糠10%、过磷酸钙1%、石灰1%、石膏粉1%。

（6）麦秸或稻草92%、棉子饼粉5%、过磷酸钙1%、石灰1%、石膏粉1%、尿素0.3%～0.5%。

【专家提示】

栽培料的选择应根据当地资源情况来选择，另外也要考虑栽培成本。近几年随着棉子皮价格的上涨，应使用其他原料来替代棉子皮。

（二）栽培料的配制

1. 配制方法

栽培料应新鲜，无霉烂变质，先在阳光下暴晒2～3天，然后按配方比例称取各物质，按料水比1∶(1.3～1.5) 加水拌料，充分搅拌均匀，堆闷2小时后再用。

2. 注意事项

拌料时应注意以下几点。

（1）含水量要准确。手握拌好的栽培料，指缝间有1～2滴水滴下，说明含水量适宜。

（2）拌料要均匀。含量较少又可溶于水的物质，如糖、石膏、尿素、过磷酸钙、石灰等应先溶于水中，然后再拌料。先将麦秸和稻草压扁、铡碎成2～3厘米的小段，用pH值为9～10的石灰水浸泡24小时，捞出沥干，再加入其他辅料，充分拌匀。玉米芯应先粉碎成黄豆粒大小的颗粒再加水拌料。

（3）酒糟应先充分晒干，晒干过程中要经常翻动，以利于酒糟气味挥发，然后再加水拌料。

（三）栽培料的堆积发酵

先将栽培料按料水比1∶（1.8～2）加入pH值为9～10的石灰水拌料，充分搅拌均匀。

然后选择背风向阳、地势高燥的地方，按每平方米堆料50千克堆积发酵，栽培料数量少时堆成圆形堆，有利于升温发酵。

如果数量大可堆成长条形堆，麦秸和稻草因有弹性应压实，其他栽培料应根据情况压实，然后用直径2～3厘米的木棍每隔0.5米距离打一个孔洞至底部，以利通气。之后覆盖塑料薄膜保温保湿。经1～3天料温升至50～60℃时保温24小时，然后翻堆，翻堆时要将外层料翻入内层，再按原法盖好，当温度再次升至50～60℃时保温24小时，发酵结束。

发酵过程中，如果温度达不到50℃以上，应延长发酵时间。发酵后期，为防止蝇蛆可喷敌敌畏500～600倍液，为防止杂菌发生，也可拌入0.1%多菌灵或0.2%～0.5%甲基托布津。

【专家提示】

栽培料在堆积发酵过程中会损失水分，pH值也会下降，所以，发酵结束后要用1%的石灰水重新调整栽培料的含水量和pH值，含水量调整为60%左右，pH值为8左右。实践证明，培养料堆积发酵可改善其物理性状，提高其营养水平，并可消灭部分杂菌与害虫，提高栽培的成功率和产量。

五、装袋接种

平菇可采取多种栽培方式，如畦栽、抹泥墙栽培、塑料袋栽培等。其中塑料袋栽培法具有移动和管理方便、保温保湿性能好、栽培成功率高、产量高等优点，被广泛采用。

（一）塑料袋规格与装料量

栽培平菇选用的塑料袋大小与栽培季节有关，气温低时宜选用长而宽、气温高时宜选用窄而短的塑料袋。一般选择宽20～24厘米，长40～45厘米的塑料袋。

每袋装干料0.8～1.2千克，栽培袋过大将延长栽培周期，且生物效率偏低。

（二）栽培种处理与接种量

1. 栽培菌种的选择

应严格选择栽培种，检查菌种有无杂菌，菌丝生长是否正常，有无特殊的色素分泌，不正常的要淘汰。

要求菌丝生长旺盛，菌龄不可过长。

瓶装栽培种可用镊子从瓶中掏出；袋装栽培种，可用刀片将袋划开，取出菌棒，将菌种放在清洁盆中，用手掰成1～2厘米的小块，切不可求快用手搓碎，更不能捣碎菌种，否则将损伤菌丝，甚至使菌丝死亡。

掏取菌种应在室内或室外背阴处进行，要求环境清洁、无尘，喷洒消毒药液，操作者更应搞好个人卫生，手要用75%的酒精棉球严格消毒。

2. 接种量的确定

接种量对菌丝生长及防止杂菌有重要影响。

接种量较大，菌丝生长快，可抑制杂菌发生，提高栽培成功率，但栽培成本提高；菌种量小，虽可降低栽培成本，但菌丝生长慢，污染机会增加。

一般接种量为6%～10%，即100千克料用栽培种6～10千克，初次栽培者可适当加大菌种量，以保证栽培成功。

(三) 装袋与接种

1. 接种

平菇栽培一般采用 3 层菌种 2 层料的接种方式，即袋的两端和中间各放一层菌种，其他为栽培料。

2. 装袋

先将塑料筒一端用塑料绳扎死或两个对角直接扎上，首先装入一层菌种，再装料，边装边压实，用力要均匀，当料装至袋的 1/2 处时，装入中间一层菌种，接着再装料，装到距袋口 8～10 厘米时，装入最后一层菌种，稍压后封口。

【专家提示】

装袋时应注意以下几点：一是装袋时应经常搅拌培养料，使其含水量上下均匀一致，防止水分流失；二是注意装料的松紧度，装料不可过紧，否则通气不良，菌丝生长受影响，也不可过松，否则菌丝生长疏松无力，影响产量；三是当天掰好的菌种应当天用完，不可过夜。

六、菌丝体阶段管理

此阶段是决定栽培成功率和能否获得高产的关键时期，管理的重点是控制温度，保持湿度，促进菌丝的生长，严防杂菌的发生和蔓延。

(一) 培养室的消毒与栽培袋的堆放

培养室首先要清理干净，四壁、地面和床架上喷洒浓石灰水或 0.1%多菌灵药液，高温多雨季节地面上再撒一层石灰粉。栽培袋可直接排放在培养室地面上，也可排放在室内床架上。

低温季节，如晚秋和冬季，栽培袋可在地面上南北 2 行并列为 1 堆高 8～12 层，两排间留 50～60 厘米走道。每排两端垒砖柱或竹竿，防止袋堆倒塌。高温季节应单行排列，堆高 4～6 层。温度过高时还可呈“井”字形堆放，以利于降温和通风。

栽培袋也可直接堆放在床架上，以增加堆放量，便于控制温度。

（二）环境条件的控制

1. 控制温度

培养室温度应控制在 20～23℃，料温控制在 22～25℃，宜低不宜高。料温超过 25℃，特别是超过 28℃时，应立即采取降温措施。

2. 保持湿度

培养室内空气相对湿度不宜过大，一般发菌初期不超过 60%，空气相对湿度大，易发生杂菌；后期可适当增加至 60%～70%，可避免栽培料过度失水。

3. 调节空气

应保持发菌室空气新鲜，菌丝在生长过程中不断吸收氧气，放出二氧化碳，所以培养室要定期通风换气。一般每天通风 1～3 次，每次 30～40 分钟。通风换气还要结合温度和湿度情况进行，当温度高、湿度大且栽培量大时，应增加通风次数，延长通风时间。装袋时用塑料绳扎口的袋子，在菌丝向料内生长 3～5 厘米时，用刀在栽培袋两端开一个 2 厘米左右的小孔，以通风换气，加速菌丝生长。

4. 调节光照

培养室内光线宜弱不宜强，菌丝在弱光和黑暗条件下能正常生长，光线强不利于菌丝生长。因此，室内发菌时门窗应挂布帘或草帘遮光；室外棚内发菌时应覆盖草帘遮光。棚内需见光增温时，应在栽培袋上盖报纸等遮光物，避免阳光直射栽培袋。

（三）定期翻堆和检查杂菌

菌丝生长过程中要定期翻堆，同时检查杂菌发生情况。前期一般 2～3 天 1 次，后期 7～8 天 1 次。如果料温过高可随时翻堆，翻堆时要上、下、内、外调换位置，有利于菌丝生长整齐。翻堆时检查杂菌，一旦发现污染，应及时拣出防治，对污染轻的栽培袋，可用浓石灰水涂抹污染处，或用注射器向患处注入0.1%～0.2%多菌灵药液等，经防治的栽培袋另放在较低温度下培养。如果杂菌污染严重，

应及时淘汰，经灭菌后可栽培草菇，也可深埋或烧掉，不可乱放。

为防杂菌发生，特别是高温季节，培养室内可定期喷洒0.1%～0.2%多菌灵药液或3%漂白精溶液等，以降低室内杂菌基数。

（四）菌丝生长缓慢或不长的原因

正常情况下，25～30天菌丝可长满栽培袋。如果栽培袋内菌丝不长或生长缓慢，可能有以下原因。

温度过高或过低，如温度超过35℃，特别是超过38℃或低于5℃。

发生大面积杂菌污染，栽培料湿度过大或过小，通风不良或不能满足其对氧气的需要。

栽培料压得过实，栽培料pH值不合适。

菌种衰退或生活力弱等。

七、子实体阶段管理

此阶段是能否获得高产的重要时期。管理的重点是控制较低的温度，保持较高的湿度，加强通风换气，促进子实体的形成与生长。

（一）子实体形成阶段

当菌丝长满培养袋后，及时将菌袋移到出菇室或出菇棚重新摆放。菌袋应南北单行摆放，有床架的摆放在床架上，无床架的可就地摆放，堆高10～15层，行间留80～100厘米的走

道，走道应对着南北两侧的通风口。一般菌丝长满后，继续培养5～7天可自然出菇，为了尽快出菇和出菇整齐可进行催菇。方法如下。

1. 降低温度，加大昼夜温差

将出菇室温度降到15℃左右，昼夜温差加大到8～10℃。

2. 增加湿度

每天向出菇室空间喷雾状水2～3次，使空气相对湿度达到80%以上。

3. 增加光线

白天揭开部分草帘或布帘，使出菇室保持较强的散射光。

催菇3～5天，菌袋的两端就可形成子实体原基（白色的菌丝团，可以分化出子实体），即出菇，这时应将袋口打开并抻直；当子实体原基分化形成幼菇时，将袋口挽起，使幼菇充分见光。

（二）子实体生长阶段

经催菇形成子实体后，要加强管理，严格控制环境条件，促进子实体生长。

1. 控制温度

出菇室温度控制在10～20℃，超过20℃，子实体生长较快，菌盖变小而菌柄伸长，降低产量与品质；温度低于10℃，子实体生长缓慢，低于5℃，子实体停止生长。

室内出菇的，可通过通风换气来调整温度，冬季出菇，出菇室应有加温设施，但不可明火加温，否则子实体易中毒；室外出菇，可通过揭盖草帘和通风换气来控制温度，如冬季短时期温度过低，也可在棚内生火加温。

2. 保持湿度

湿度是子实体生长阶段极为重要的环境条件。出菇室的空气相对湿度应控制在85%～95%，不低于80%。每天用喷雾器向空间喷水2～3次，保持地面潮湿。

当菌盖直径达2厘米以上时，可直接向子实体上喷水，但不可向子实体原基或菇蕾上喷水，否则子实体将萎缩死亡。出菇室应挂湿度计，根据湿度变化进行喷水管理。

3. 调节空气

子实体生长期间要加强通风换气。子实体生长需要大量的新鲜空气，每天要打开门窗和通风口通风1～3次，每次30～40分钟，温度较高或栽培量较大时应增加通风次数，延长通风时间。

氧气不足和二氧化碳积累过多，会出现畸形子实体，表现为菌柄细长、菌盖小或形成菌柄粗大的大肚菇，严重影响产量和品质。

4. 调节光线

子实体生长需要一定强度的散射光，一般出菇室光线掌握在能正常看书看报即可。

室外出菇的白天应揭开下部草帘透光。

【专家提示】

子实体生长期间应尽量创造适宜的环境条件，满足其对温度、湿度、空气和光线的要求，才能获得高产。4个环境条件相互联系又相互制约，调整某一个条件时，要兼顾其他条件，绝不可顾此失彼。

（三）子实体常见畸形与形成原因

在子实体形成与生长期间，由于管理不当，环境条件不适宜，子实体不能正常生长而出现畸形。常见的有以下几种。

1. 子实体原基分化不好，形似菜花状

形成原因主要是出菇室通气不良，二氧化碳浓度过大或农药中毒。

2. 子实体菌盖小而皱缩，菌柄长且坚硬

形成原因主要是温度高，湿度小，通气不良。

3. 幼菇菌柄细长，且菌盖小

形成原因主要是通风不良，光线弱。

4. 子实体长成菌柄粗大的大肚菇

形成原因主要是温度高，通风不良和光线不足。

5. 幼菇萎缩枯死

形成原因主要是通风不良，湿度过大或过小。

6. 菌盖表面长有瘤状物且菌盖僵硬，菇体生长缓慢

形成原因主要是温度低，通风不良和光线不足。

7. 菌盖呈蓝色

主要原因是由于炉火加温时产生的一氧化碳等有害气体对菇体的伤害。

【专家提示】

当发现子实体异常时，应找出原因，及时采取有效措施，尽量减少损失，一般当条件改善后还能恢复正常生长。

（四）采收及采后管理

适宜条件下，从原基形成到子实体长成需 7～10 天。当菌盖充分展开，颜色由深转浅，下凹部分开始出现白色绒毛，尚未散发孢子时及时采收。

采收时无论大小一次采完，可两手捧住子实体旋转拧下，也可用小刀割下，不可拔取，否则会带下培养料，影响下一潮菇形成。

通常平菇一次栽培可采收 4～5 潮菇。每次采收后，都要清除料面的老化菌丝和幼菇、死菇，再将袋口合拢，避免栽培袋过多失水，按菌丝体阶段管理。7～10 天后可出下潮菇。如果菌袋失水过多，可进行补水。批量生产时，平菇的生物学效率一

般可达 150%～200%。

【小资料】

食用菌生物学效率是指食用菌鲜重与所用的培养料干重之比，常用百分数表示。如 100 千克干培养料生产出 80 千克新鲜食用菌，则这种食用菌的生物学效率为 80%，生物学效率也称为转化率。

（五）出菇后期增产措施

1. 补水

一般前两潮菇可自然出菇，无须补水，但两潮菇后，往往由于培养料湿度过小不能自然出菇，可给菌袋补水。

补水常采用浸泡或注水法。具体方法是将菌袋浸入水中浸泡 12～24 小时，若浸水前用粗铁丝在料袋中央打洞，可加速吸水，缩短浸泡时间。浸好的菌袋捞出甩去多余水分，重新堆放整齐。也可用专用补水枪补水，还可以在喷雾器胶管前端安装一个带针头的铁管，将针头从菌袋两端料面插入补水。

经补水后的菌袋应达到原重的 80%～90%，或将料袋从中间掰开后，手压料面，松软但不滴水为宜。

2. 补肥

采收两潮菇后，栽培料内消耗营养较多，为了提高后几潮菇的产量，可补肥。方法有以下几种。

一是用煮菇水。销售外贸的菇体煮水或其他加工菇体的煮水，冷却后稀释 10 倍使用，煮菇水营养丰富，效果好。

二是蔗糖 1%，尿素 0.3%～0.5%，水 98.5%～98.7%。

三是蔗糖 1%，尿素 0.3%～0.5%，磷酸二氢钾 0.1%，硫酸镁 0.05%，硫酸锌 0.04%，硼酸 0.05%，水 98.26%～98.46%。

补肥通常结合菌袋补水进行，也可将营养液直接喷在菌袋两端料面上，可不同程度地增加产量。

3. 墙式覆土出菇

将出过两潮菇的菌袋脱去塑料袋，将菌袋单行摆放，菌袋间留2～3厘米空隙，按一层菌棒一层泥的方法垒成菌墙，摆放10～12层，墙高约1.5米。

菌墙两端可用长木棒削尖钉入地下，以防滚动。菌墙最上层可用泥砌出一个水槽状的池子，用来补水和营养液。

菌棒可长期处于较潮湿的环境中，及时补充水分，这种方法可显著提高后期产量。

【小资料】

砌池或垒菌墙所用泥的制作方法：菜园土50千克、麦秸或稻草（切成5～10厘米小段）2.5千克、白灰1.5千克，混合后和成泥，墙式出菇法应特别注意墙内温度，外界气温较高时，每天都要检查，墙内温度不宜超过20～25℃，否则应采取措施降温。其他管理与袋栽相同。

4. 阳畦覆土出菇

菌袋出完两潮菇后，也可进行阳畦覆土出菇。

在背风向阳处建畦，畦长5～6米，宽0.8～1米，深1～5厘米。畦床做好后，向畦内喷500倍敌百虫药液，然后在阳畦内撒石灰粉。

将出过两潮菇的菌袋脱去塑料膜，平放于畦内，间隔2～3厘米，用细的菜园土将菌棒间隙填满，菌棒上再覆2～3厘米厚的土层，畦内浇水，水量要大，待水渗下后，再覆一层土，用喷壶将表土淋湿。

在畦床上用竹片建起拱形架，覆盖塑料膜和草帘。按子实体阶段管理，经10～15天可形成子实体原基。

其他管理同袋栽法。

八、平菇病虫害安全防治技术

平菇病虫害的防治应采用“预防为主，综合防治”的防治方法。

生物防治：培养料配制可采用植物抑霉剂和植物农药，如中药材紫苏、菊科植物除虫菊、木本油料植物菜子饼等制成的植物农药杀虫治螨。用寄生性线虫来防治蚤蝇、瘿蚊和眼菌蚊等。

物理防治：栽培场所采用30瓦紫外线灯照射或臭氧灭菌器消毒杀菌。安装黑光灯诱杀蚊、蝇、虫蝉等昆虫。对菇场进出口和通气口安装纱窗、纱门，以防害虫飞入。经常保持环境卫生，撒生石灰粉消毒。

化学药剂防治：严格科学用药，坚持以防为主，在确需使用化学农药时，须选用施保功、锐劲特、克霉灵等已在食用菌上获得登记的农药。

【专家提示】

为保障平菇的安全品质，在平菇栽培管理过程中要把握以下原则。

◆ 确保原材料的安全性，包括作为培养基质的木屑、棉子壳、麸皮、作物秸秆、覆土材料及各种添加成分的安全性，杂菌污染后的原材料，污染的部分不可重新用于栽培，以防有害成分的积累。

◆ 栽培场所的环境卫生和水质标准应符合食品生产的环境、水质要求，直接喷洒在菇体上的用水要符合饮用水标准。

◆ 病虫防治和生产、加工环境治理要贯彻以防为主，决不允许向菇体直接喷洒农药。不得不使用药剂时，要选用低毒高效的生物试剂，且使用药剂的时间、剂量应遵循农药安全使用标准。空间消毒剂提倡使用紫外线消毒和75%的酒精消毒。

第二节　日光温室金针菇高效生产技术

一、金针菇的属性

金针菇又名冬菇、构菌、朴菌、毛柄金钱菌等，属担子菌门、层菌纲、伞菌目、口蘑科、小火焰菌属（或金钱菌属）。

金针菇栽培已广泛遍及中国、日本，还有欧美和澳洲一些国家和地区，中国产量最多。金针菇为低温型菇类，为世界四大栽培种类之一，是熟料栽培的一个代表种类。

金针菇是古今中外著名的食用菌，其营养丰富，滑嫩味美。能利肝，益肠胃，经常食用可预防和治疗肝炎及胃肠道溃疡，降低胆固醇，排除重金属离子，还有一定的抗癌作用。金针菇含有 18 种氨基酸，包括人体必需的 8 种氨基酸，尤其是赖氨酸和精氨酸的含量特别丰富，有益于儿童的智力发育和健康成长，因此有“增智菇”或“智力菇”之称。

金针菇栽培，有瓶栽、袋栽等方法。瓶栽法由于工艺较复杂、产量低、质量差、管理不方便等缺点。因此，生产上很少采用，主要采用塑料袋栽培方法。

二、栽培季节与场地

（一）栽培时间的选择

金针菇属低温型食用菌，子实体的形成与生长均要求较低的温度。华北地区一般在秋末冬初至早春栽培，具体时间安排如下：用原种直接栽培的，秋季一般 8 月中上旬制母种，8 月中下旬制原种，9 月中下旬接种栽培袋。

如果用栽培种栽培，母种和原种的制种时间还要相应提前 25 天左右。最后一批栽培在 11 月中旬制母种，11 月底制原种，元旦前栽培结束。

出菇期在11月至第二年的3月底。冬季生产要有一定面积的培养室，并且要采取加温措施，将温度控制在20℃左右。

地下栽培的一般时间掌握在9月至第二年4月，夏季其气温不高于15℃（13℃更好），通风好的可周年栽培，也可利用空调进行周年栽培。

（二）栽培场地的选择

1. 场地选择

金针菇的栽培场地多种多样，栽培平菇的菇房及现有的闲散房屋均可用于栽培，室内应设床架以充分利用空间，增加栽培量，床架宽40厘米，长度和数量应据房间大小而定，每个床架设3～4层，层距50～60厘米。

也可利用各种日光温室、室外半地下式阳畦、地下室、防空设施、冷库、地沟等进行栽培。

2. 地沟栽培

实践证明，北方地区利用地沟栽培效果较好。地沟的搭建方法：

选择地势高燥、向阳且靠近水源的地方，为管理方便可搭建在庭院内，一般地沟长10～15米，宽4米，深2米。

建造时先挖土坑，将挖出来的土存放在地沟四周，压实成沟壁的地上部分，地上和地下部分沟壁总高为2米，东西两头设门，地上部分南北沟壁每隔2～3米应有一个通风口，每个通风口高40厘米，宽30厘米。

地沟上面搭建小拱棚，其上覆盖塑料薄膜和草帘或玉米秸遮光。地沟间距离一般在2米左右，地沟四周应设有排水沟。

为了充分利用空间，可在地沟中设床架，床架与地沟四周壁的距离为60厘米，床架间距离为70～80厘米，床架宽40厘米，高1.8～2米，长度视地沟的长度而定，每隔80～100厘米用砖垛固定，用竹竿铺设4～5层，每层高40～45厘米，每层可堆放4层栽培袋，也可以在垂直地沟长的方向搭数排床架，地沟的一侧留60厘米的人行道。这种地沟建造容易，保温、保湿性能好，二氧化碳与氧气的比例容易控制，管理方便，是一种较好的栽培场地。

三、栽培料的选择与配制

（一）栽培料的选择与处理

栽培金针菇的原料很广，除了传统栽培用的锯木屑以外，棉子皮、废棉、玉米芯、稻草粉、豆秸、甘蔗渣等均可栽培，但需加入一定量的辅料，如麸皮、米糠、豆粉、玉米粉、糖、石膏粉等。目前北方地区主要利用棉子壳、玉米芯、豆秸等栽培金针菇。

根据当地的资源条件和栽培的实际情况选择培养料，栽培料应新鲜、干燥、未发霉结块，主料选在晴天太阳光下暴晒2～3天。

以玉米芯为主料的应将其粉碎成小麦粒大小的颗粒备用；栽培金针菇宜选用阔叶树种的木屑，糟锯木屑越陈旧越好，拌料前将其粉碎成米糠状；如果用麦秸或稻草作栽培料，应先将麦秸或稻草切成1～2厘米的小段，用pH值为8～9的石灰水浸泡24小时，捞出后用清水冲至pH值为6～7，沥干后备用。

（二）栽培料配方

栽培金针菇的常用配方如下：

（1）棉子壳88%，麸皮10%，蔗糖1%，石膏粉1%。

（2）棉子壳95%，玉米粉3%，蔗糖1%，石膏粉1%。

（3）玉米芯（粉碎成黄豆粒大小）75%，麸皮20%，豆粉3%，石膏粉1%，过磷酸钙1%。

（4）豆秸粉或稻草粉75%，麸皮20%，玉米面或豆粉3%，石膏粉1%，过磷酸钙1%。

(5) 棉子壳90%，玉米面10%；另外添加石膏1%，磷酸二氢钾0.01%，硫酸镁0.01%。

(6) 玉米芯轴（粉碎后使用）80%，麸皮7%，饼粉4%，粗玉米粉5%，过磷酸钙1%，草木灰1.5%，石膏1%，尿素0.5%。

(7) 阔叶树木屑78%，麸皮20%，石膏1%，白糖1%。

（三）栽培料的配制

按配方比例要求准确称料，一层主料一层辅料平铺在水泥地面上，拌料前先将蔗糖、石膏粉、尿素、过磷酸钙等含量较少的物质溶于水中。

按料水比1∶(1.3～1.5) 加水拌料，充分搅拌均匀，使培养料含量达到60%～65%，即1千克干料加1.5千克水。pH值调到6～7，如果栽培料酸性大，可加入石灰粉调节；碱性大的话，可用3%的盐酸调节。

拌料要充分拌匀且pH值适宜。可用铁锨在水泥地面上拌料，也可用搅拌机拌料。

栽培料拌好后，堆闷1～2小时，使栽培料充分吸水。

四、装袋

配制好的培养料，可采用手工或机械装袋。栽培金针菇的两种塑料袋一般选用宽17厘米的聚丙烯或低压高密度聚乙烯塑料筒。前者耐高温高压，适合高压灭菌；后者不耐高温高压，适合常压灭菌。

应根据灭菌的需要购买塑料筒，并裁成长32～40厘米备用。装袋时先将塑料筒从距离一端10厘米处用塑料绳扎紧，从另一端装入栽培料，边装边压实，用力要均匀，使袋壁光滑而无空隙，培养料高度一般在15厘米左右，干料0.3～0.5千克。

装好培养料后，将料面整平，在料中央用直径2厘米的木棍打孔直至底部，然后用塑料绳把袋口扎紧，两端均留10厘米左右的长度，以便出菇时撑开供子实体生长。

封口时要将袋内的空气排出，防止灭菌过程中出现胀袋现象。绳要扎紧，防止灭菌时袋口敞开或灭菌后袋内进入空气造成污染。

五、灭菌

料袋装好后应及时灭菌，以杀死培养料内的各种微生物，并促进培养料转化，以利于菌丝生长。灭菌可采用高压灭菌和常压灭菌，但生产上一般采用常压灭菌。

（一）高压灭菌

高压灭菌应采用耐高温耐高压的聚丙烯塑料筒。

锅内加入足够的水，将料袋整齐地排列在锅内，分层立放，袋与袋之间也可以呈“井”字形横放，以便于锅内蒸汽流通，提高灭菌效果。维持在 0.14～0.15 兆帕并保持 1.5～2 小时，可达到彻底灭菌的目的。

（二）常压灭菌

用常压灭菌锅灭菌。

先将锅内加满水，再将栽培料袋摆放在常压灭菌锅蒸汽室的铁箅上或木箅上，可立放也可卧放，每层铁箅间应留有空隙，料袋与料袋之间也要留有空隙，以便蒸汽流通，提高灭菌效果。

装入料袋后，将锅门封严，立即点火加热；开始火力要猛，开锅后即蒸汽达到 100℃以上或温度不再上升时，开始计时并继续烧火，维持 8～10 小时，封火后再焖 3～5 小时。

待锅内温度自然降至室温时打开锅门取出灭菌袋，移入接种室或无菌室开始接种。

【专家提示】

常压灭菌应注意：常压灭菌火力要猛；可使用吹风机吹风，使蒸汽室温度保持在 100℃以上；灭菌时要不断向锅内加水，绝不能烧干锅；锅门要封严，避免漏气；装量要适当，不能太满，袋与袋之间排放应留有1厘米左右的缝隙。

六、接种

接种是将菌种接入已灭菌的料袋，接种要求在无菌的条件下采取无菌操作。

（一）接种场地的消毒灭菌

接种可在接种箱、接种帐或接种室内进行。

接种前先将接种箱打扫干净，再将灭过的菌袋以及接种用具放入接种箱内，如果此时将菌种放到接种箱内，菌种瓶或袋要扎紧，以防在气雾消毒的过程中菌种受伤，也可在接种之前将菌种用酒精棉球表面消毒后带入接种箱内。

【小资料】

甲醛和高锰酸钾熏蒸方法：料袋及接种用品进箱后，用甲醛和高锰酸钾消毒1～1.5小时（药品用量为10毫升/立方米的甲醛、5克高锰酸钾，先将甲醛和高锰酸钾按用量称好，把甲醛倒入接种箱内的一空瓶中，再倒入高锰酸钾，立即关闭接种箱，熏蒸30～40分钟即可达到灭菌目的。由于甲醛具有强烈的刺激性气味，对人体有害，而且污染环境，所以最好尽量不要使用，如果用的话在熏蒸后1～1.5小时后再接种。必要时接种可以戴上防毒面具）。也可用其他的气雾消毒剂进行消毒，用量根据药品说明而定。

（二）接种操作

接种人员先用75%的酒精棉球全面擦净双手。如果菌种此时带进接种箱的话，也应先用75%的酒精棉球全面擦拭菌种瓶外壁进行消毒，带入接种箱。双手进入接种箱后，用酒精棉球再次擦拭双手及接种用具和菌种瓶。

然后点燃酒精灯，将菌种瓶放在三脚架上或空罐头瓶上，打开瓶口，用酒精灯火焰在菌种瓶口下方封住瓶口，用经过火焰灭菌的大镊子剔除菌种瓶表面的老化菌种，将菌种夹碎成花生米大小的菌种块，再将料袋放置于酒精灯火焰附近，打开料袋口，用大镊子将菌种扒入料袋内，使菌种块平铺于料袋表面，然后重新用塑料绳绑上袋口，此时袋口不要绑太紧，以利于通气从而有助于菌丝生长，但也不能太松，以减少杂菌的进入。1瓶菌种（0.15千克的干料）接种栽培袋（0.4～0.5千克）10～15袋，接种量一般在3%～5%。

接种量要适宜，接种量如果过多的话，容易造成早出菇，从而抑制菌丝生长和形成子实体；接种量过小，发菌速度缓慢，影响出菇时间。在接种时两人合作效果最佳，一人解开袋口，然后待另一人接完种后重新绑上袋口，另一人只负责接种即可，这样既可以提高接种的速度又可以保证接种的质量。

【专家提示】

接种注意事项：要选择优质菌种，菌龄过长或有杂菌污染的菌种绝对不能使用；接种人员要树立严格的无菌操作意识，严格按照无菌操作要求接种；接种动作要迅速，尽量缩短菌种暴露于空气中的时间，以减少杂菌污染的概率；必须随时保证接种环境的清洁卫生，可经常喷洒5%的来苏水溶液，对套袖、工作服及用具要定期清洗消毒处理。

七、菌丝体生长阶段管理

（一）培养室的消毒和栽培袋的堆放

接种后的栽培袋应放在适宜的环境下培养，无论是在室内还是在室外发菌，培养室必须严格消毒，大多在使用前三天进行消毒。

培养室地面、床架及四壁用5%的石碳酸溶液喷雾消毒，然后用甲醛和高锰酸钾混合熏蒸消毒，药品用量按每立方米使用10毫升甲醛、5克高锰酸钾，或用2%甲醛溶液喷雾消毒。硫黄熏蒸消毒，每立方米空间用硫黄12～15克，为提高硫黄的消毒效果，先在培养室内喷雾状水，再点燃硫黄，密闭24小时。

将培养料袋摆放在培养室床架上或地面上，温度较高时可堆放3～4层；温度较低时可堆放5～8层。

【专家提示】

采用消毒剂熏蒸消毒，无论用哪种方法消毒，用药后要密闭24小时，然后打开门窗和通风口，通风换气2天后方可将菌袋移入培养室。

（二）环境条件控制

1. 温度控制

金针菇菌丝生长温度范围为4～32℃，最适温度为22～25℃，15℃以下、25℃以上菌丝生长受影响。培养室气温应保持在18～20℃，比最适温度略低3～4℃，料温不超过25℃，因为袋内菌丝生长要放热。

2. 湿度调节

此阶段空气湿度应控制在60%左右为宜，湿度不宜过大，否则会引起杂菌污染。当空气湿度超过70%时，应打开门窗或通风口通风换气来降低室内湿度。

3. 通风换气

发菌阶段要适当通风，以满足菌丝生长对氧气的需求，菌丝生长期间一般每天应通风换气1次，每次30～40分钟，秋季气温高时应加强通风，气温低时少通风。发菌开始通风量应该小一些，随着菌丝生长量的增加，应适当加强通风换气。

4. 光照调节

发菌期间应尽量保持发菌室内较暗的环境，用室内挂布帘或室外覆盖草帘等措施遮光，室外发菌揭开草帘晒薄膜时栽培袋上应该盖布帘或报纸，避免光线较强。光线太强，影响菌丝生长和过早地形成子实体原基，造成营养浪费从而影响产量。

（三）定期翻堆及检查杂菌

定期翻堆可使发菌一致，出菇整齐。

在菌丝生长阶段要定期翻堆及检查杂菌，当菌丝定殖后进行第一次翻堆，以后7～10天翻堆1次。

翻堆时将栽培袋上下、内外调换位置。翻堆的同时结合检查杂菌污染情况，如有菌袋污染应及时拣出另放它处低温发菌，如污染严重应及时淘汰，但不可乱扔乱放，以防污染环境。

八、子实体生长阶段管理

在适宜条件下，经过30～40天白色菌丝就可长满整个栽培料袋，即可转入子实体阶段管理。此期是决定产量和质量的关键时期，要精心管理，严格控制环境条件，促进子实体的形成和生长。

（一）栽培袋的堆放

菌丝长满后将栽培袋移到出菇室的床架上或地面上，重新堆放，如果发菌室和出菇室在同一场地，不必重新堆放。

出菇场地在使用之前要彻底消毒灭菌，方法同培养室的消毒灭菌。

（二）催菇

菌丝长满培养料后，长满菌丝的栽培袋一般能自然出菇，但出菇不整齐，子实体原基少，影响产量和质量。应及时创造适宜的条件催菇，促进子实体的形成。催菇方法如下：

搔菌：搔菌就是将料面老化的菌丝（接入的原种块）轻轻耙去，并给表面菌丝以刺激，促使其聚集、扭结，形成菇蕾。搔菌后，撑开塑料袋使之成筒状，便于以后菌柄直立生长。然后在立放的袋口上覆盖报纸、纱布或薄膜等，并在报纸或纱布上喷水保湿。

降温：降温是催菇的重要手段之一。出菇室的温度应降到10～12℃，超过13℃，特别是超过15℃，培养料表面就会出现大量的白色气生菌丝，影响子实体原基形成。

增湿：催菇阶段出菇室空气相对湿度应保持在80%～85%，每天向出菇室空间、地面和四壁喷雾状水2～3次，也可利用灌水来增加空气相对湿度，以保证出菇室的湿度，诱发菇蕾的形成。

【小资料】

催菇3～5天后，培养料表面就会出现琥珀色（或淡黄色）水珠，这是子实体原基形成的前兆，不久在培养料表面上就会整齐地出现米黄色的子实体原基（或叫菇蕾），菇蕾出现的速度因菌株而异，一般经5～7天即可出菇。

（三）子实体生长阶段畸形的形成及环境控制

1. 子实体常见畸形及形成的原因

子实体纤细，顶部细尖，中下部稍粗，形似针头。主要原因是出菇室通风不良，二氧化碳浓度过高。如果继续缺氧，这种菇会逐渐停止生长，甚至死亡。

子实体上又长出若干个子实体且较小。主要原因是菇体组织受伤或染病以及高温所致。

子实体个体多，软而不挺直，东倒西歪。主要原因是温度偏高，通风不良，严重缺氧或菇体染病。

于实体苗柄弯曲或扭曲。主要原因是由于菇房内光照方向多变或子实体个体过多，幼菇弱小、发育不良而致。

子实体过早开伞，失去商品价值。形成的原因很多，如温度、湿度、通风、光线管理不当和出现病虫害都可能导致子实体过早开伞。

子实体发黏腐烂。主要原因是空气相对湿度过大，或子实体上存有积水引起。

2. 子实体生长环境控制

子实体原基形成后开始生长，要严格控温保湿，调整光线，控制通风换气，使子实体迅速生长，才能形成质嫩、菌柄长、产量高的优质商品菇。金针菇优质商品菇的标准为颜色纯白或黄白，质地脆嫩，菌盖小，不开伞或半伞，菌柄长 8～14 厘米，柄粗 0.2～0.4 厘米，无绒毛或少绒毛，单株分开不粘连。要获得优质高产的金针菇，管理是关键，因此，在子实体生长阶段必须注意以下几点。

（1）控制温度。出菇的最适温度在 10～12℃。在适温下出菇，子实体生长慢，颜色白，质嫩，生长整齐，产量高。如果超过 15℃，子实体则快速生长，菌盖易开伞，菌柄粗短，很难形成理想的商品菇。高温下病虫害易于发生，影响产量和品质。

（2）保持湿度。子实体生长期间，应保持出菇室较高的空气相对湿度，一般为 80%～90%，不能低于 70%或高于 95%。菇蕾形成期空气相对湿度在 90%左右；菌柄长至 5 厘米时控制在 85%左右；子实体快采收时控制在 80%。为了保湿，每天向出菇室空间、四壁及地面喷雾状水 3 次，早、中、晚各 1 次。切勿向袋口菇体上直接喷水，否则子实体颜色变深，菇盖发黏而腐烂。温度较高时，更要注意湿度不可过大，否则，容易引起病害。

（3）调节空气。子实体生长需要较多的氧气，出菇室应适度通风。但二氧化碳浓度过低不利于菌柄伸长，菌盖易开伞，因此，要控制出菇室通风换气，以积累一定浓度的二氧化碳，利于菌柄伸长和抑制菌盖开伞。子实体生长阶段应减少通风，使出菇场地空气中二氧化碳浓度在 0.1%～0.15%为宜。子实体形成时期应加强通风，以促进原基形成，使原基形成量多而整齐，二氧化碳浓度过高又影响子实体发育，使子实体细小，生长缓慢，严重影响产量。

（4）调节光照。弱光或阴暗条件是提高金针菇品质的重要措施之一，但在子实体形成时期，应有弱光的刺激，可在出菇室顶部每隔2米处扒开30厘米的透光区。微弱的光线不但能促进子实体形成，也可使菌柄向光生长，使子实体整齐而不散乱。

九、采收及采后管理

（一）采收

当菌柄达10厘米以上，菌盖呈半球形，直径1～1.5厘米，菇体鲜度好时采收较为适宜。

采收时要注意不管大小一次采下，不能采大留小。采收后的金针菇应放在温度较低和光线较暗的地方存放，防止继续生长，使菌柄弯曲，影响质量。

采收过早，幼菇还未完全伸长，会影响产量；采收过迟，菇体老化且菌盖开伞，虽可增加产量，但产品品质差或失去商品价值。

【小资料】

金针菇的分级标准如下。

◆ 一级菇。菌盖呈半圆球形，直径0.5～1.3厘米，柄长14～15厘米，整齐度80%以上，无褐根，无杂质。

◆ 二级菇。菌盖未开伞，呈半圆球形，直径1.2～1.5厘米，柄长13～15厘米，柄基部浅黄至浅褐色，有色长度不超过1.5厘米，无杂质。

◆ 三级菇。菌盖直径1.5～2厘米，柄长10～15厘米，柄基部黄褐色占1/3，无杂质。

（二）采后管理

金针菇一次栽培可采收两潮菇。一潮菇采收后，清理料面，然后往料面上喷1次大水，继续按菌丝体阶段管理，一般7～10天可出二潮菇。金针菇的生物学转化率通常为80%～100%。要提高金针菇的生物学转化率，在转潮管理中可采取下面几项增产措施。

（1）每潮菇采收后，及时把残茬和料壁上长出的畸形菇清除掉，并把料面徒长、板结的老化菌丝扒掉。

（2）菇房内停水2～3天，降低湿度，并将袋口的覆盖物揭开1～2天，以加强通气，促进菌丝恢复活力，积累营养物质。

（3）补充培养料含水量。采菇3～4天后，每袋注入40～60毫升清水或在袋内注入清水至料面有积水为止，浸泡2小时左右，再将袋内余水倒出。

（4）强化营养。袋内补充1%浓度的糖水或少量尿素、KH_2PO_4 等营养。

（5）对于一头出菇的袋子，也可在出过二潮菇后，把袋口扎紧，将袋底剪开，进行出菇管理，从而提高生物学转化率。

十、金针菇病虫害安全防治技术

金针菇病虫害的防治坚持以预防为主，严格控制化学药剂的使用。

（一）主要病害及防治

金针菇主要病害有霉菌（毛霉、脉孢霉、木霉、黄曲霉等）和细菌性病害。防治病害有以下途径。

（1）严格检查种源，保持环境清洁。

（2）栽培菇房位置的选择。菇房必须建成南北长条形，这样有利于通风透气。同时要注意菇房周围的环境卫生，不要把出口处建在靠近堆肥舍和畜舍的地方。要远离酿造酒曲厂，否则，容易感染杂菌。

（3）培养料灭菌要彻底除环境的清洁卫生和栽培室消毒处理外，栽培管理过程中应注意调节栽培室的温、湿度和通气条件。

（4）栽培房使用前1天必须进行熏蒸消毒灭菌。具体方法为甲醛、高锰酸钾熏蒸。一般每1平方米空间需用40%甲醛8～

10毫升、高锰酸钾5克进行熏蒸，也可以每1平方米使用福尔马林原液21毫升，生石灰21克、浓硫酸2.1毫升熏蒸。熏蒸时，要注意把门窗缝漏处糊起来。漂白粉消毒，1克漂白粉加水1.8升，静置1～2小时。取其上清液在室内全面喷雾，每1平方米喷施1升。菇房内外、栽培架都要用5%的硫酸铜溶液全面喷洒。

（5）塑料袋局部出现杂菌，可用2%的甲醛和5%的石碳酸混合液注射感染部位以控制蔓延，其未感染部位仍能正常长出子实体。对于严重污染杂菌的料袋则要及时搬出烧毁，以防孢子扩散蔓延。

（二）主要虫害及防治

为害金针菇的主要害虫有菇蝇、菇蚊、螨类。

在菌丝蔓延期间，只要见成虫就用1 000倍液敌百虫杀虫，可采用敌敌畏药液拌蜂蜜或糖醋麦皮进行诱杀，也可用布条吸湿药剂挂在菇房驱虫。

有菇蕾发生时，立即停止使用，在每批子实体采收后用0.4%敌百虫，0.1%鱼藤精喷洒料面进行防治，也可用1%敌敌畏和0.2%乐果喷洒地面和墙脚驱杀害虫。

第三节　高寒阴湿山区日光温室草莓高效生产技术

一、品种选择

选择品质优良、性状稳定、抗病能力强，以及市场商品性好的红颜、甜查理等品种。

二、茬口安排

选择越冬茬栽培。一般5月初育苗（最好买现成的脱毒苗），8月上中旬定植，12月初开始采收上市，第二年6月上、中旬拉秧结束生产。

三、育苗

（一）母株管理

草莓繁苗母株选用脱毒原种苗，或预留的无病健壮育苗专用母株。用生产株作繁苗母株的必须认真选取无病虫害生长势强的植株。选用匍匐茎形成的秧苗与母株分离，培育成新的草莓扩种苗。5月初，选未种过草莓的合适地块，施足基肥，深耕细耙，做成平畦，然后定植母本苗，株行距为80厘米×80厘米。缓苗后不久花蕾陆续出现，应及时打掉，以促进匍匐茎的发生；以后追肥2～3次，每次追施尿素90～120千克/公顷，并根据土壤墒情，勤浇小水，保持地面湿润，利于小苗扎根；整个育苗期间，杂草危害较重，一定要及时除草。至8月上中旬定植时，一般一株母本苗可繁殖生产用苗30株左右。

（二）培育壮苗

在匍匐茎大量产生时，应进行人工引茎。待匍匐茎伸出后，将其在畦面上均匀摆开，防止交叉或重叠在一起，造成稀密不均。可在匍匐茎抽生幼叶时，前端用细土压住，外露生长点，摆放整齐，并用生根剂800～1 000倍液进行灌根，促进发根。7月中旬以后，匍匐茎子苗布满畦面时摘心，去除多余的匍匐茎。一株保留5～6个匍匐茎苗，8月初即可培育出壮苗。

壮苗标准为有5～6片发育健全的无病虫害的完整叶，根茎粗1～1.5厘米，须根多且色白，植株矮壮，单株重量25～30克。

四、定植前的准备

（一）整地施肥

定植前一个月左右施足底肥，一般施入腐熟有机肥60～75

吨/公顷，过磷酸钙750千克/公顷，尿素150千克/公顷，硫酸钾450千克/公顷。均匀撒施后，土壤深翻30厘米，灌水、待地面稍干后整地，整细耙平。

（二）温室消毒

定植前7～10天盖好棚膜进行高温闷棚，杀灭病菌和虫卵。用25～30千克/公顷硫磺粉加30千克锯末进行熏蒸消毒，或用50%甲基托布津可湿性粉剂30千克/公顷加450克细土或细沙拌匀后撒施耙耱到土壤中进行消毒。

（三）起垄覆膜

采用南北走向高垄栽培，沟与垄面总宽度100厘米，即沟宽40厘米，垄面宽60厘米，垄高25～30厘米。用幅宽120厘米地膜全地面覆盖。

五、定植

（一）定植时间

日光温室草莓定植时间一般在8月上中旬。

（二）定植方法

栽植时要选择植株健壮，无病虫害，苗体大小一致，有5片以上展开的健壮叶，叶色正常，叶柄较短粗，根茎粗度在1厘米以上，根系发达并伸展良好，须根多的健壮苗为宜。每垄栽两行，开穴定植，株距18～20厘米，行距20～25厘米，“丁”形栽培。栽植深度以“上不埋心，下不露根”为宜。定植时应使草莓的弓背朝向垄沟，这样栽植不仅能使果实较整齐地排列在垄背的外侧，有利于采收，而且通风透光好，有利于果实着色，较少病虫害的发生。栽苗后立即浇透水，促进缓苗。

六、定植后的管理

（一）肥水管理

温室草莓需要小水勤浇，冬季5～7天需浇1次水，春季3～5天浇1次。温室草莓恢复生长至开花前保持土壤湿润即可。开花座果后需水量增加，应及时灌水。并结合灌水定期追施尿素75千克/公顷、复合肥150千克/公顷，共追施4～5次。果实采收前一般不灌水，以免使土壤和空气湿度过大，造成果实腐烂。冬季，为了打破草莓的休眠，促进叶柄和花序的抽生。座果后用0.3%尿素+0.2%磷酸二氢钾进行叶面喷施，10天一次。

（二）植株管理

植株管理主要是疏花、疏果、摘除匍匐茎、枯叶、弱芽以及垫果。适时适量地摘除老叶，及时摘除病叶、残叶，带出园外销毁或深埋。适度疏蕾有利于增加单果重和果实均匀度，提高果实产量，成熟期提早，采收期集中，采收次数减少，从而增产增效。大型果品种保留2级序花蕾，中、小型果品种保留3级序花蕾。草莓以先开放的低级次花结果好，故应在花蕾分离至一级或二级花序开放时，根据限定的留果量疏花。

（三）温湿度调控

定植至休眠：白天温度20～26℃，最高30℃；恢复生长至开花前：为打破草莓的休眠，温度可相对高些。一般白天控制在28～30℃，最高不能超35℃，夜间温度12～15℃，最低不能低于8℃。此期室内湿度控制在60%～85%；开花期：一般白天控制在22～25℃，最高不能超过28℃，温度过高过低都不利于授粉受精。夜温10℃左右为宜，最低不能低于8℃。室内湿度控制在60%左右为宜，湿度过大过小都全造成授粉不良；果实膨大和成熟期：白天控制在20～25℃，夜间6～8℃。湿度可控制在60%～70%。

（四）花期辅助授粉

温室内由于高温高湿、风量小、昆虫少等多种原因不利草莓授粉和受精。通过辅助授粉可增大果实体积，提高产量，使果形整齐一致。一般采用温室放养蜜蜂授粉，具有节省人工和授粉均匀的特点。每亩温室放蜂2箱即可。在草莓开花前3～4天把蜂箱放入温室，放在离地面15厘米高处，蜂箱出口应朝向阳光射入的方向。放蜂期内加强温室内通风换气，严禁施用杀虫农药。

七、病虫害防治

草莓主要病害有灰霉病和白粉病，主要虫害为红蜘蛛。灰霉病发病初期，用45%百菌清或腐霉利烟剂熏蒸；喷雾用50%速克灵可湿性粉剂、40%施佳乐悬浮剂等药剂，一般每隔7～10天用药1次，视病情连续防治2～3次。白粉病发病初期，用45%硫悬合剂300～400倍液，或用70%甲基硫菌灵可湿性粉剂600倍液，或用50%扑海因可湿性粉剂1 000～1 500倍液，交潜喷雾防治，7天1次，连喷2～3次。也可用45%百菌清烟剂熏棚8～10小时预防，每亩每次用量200～250克，连熏3～4次。个别植株刚发病时也可用小苏打500倍液喷雾防治，7天1次，连喷2～3次。一般用药物防治要在采收前7天停止用药。红蜘蛛发生初期，可选用73%可螨特乳油2 000倍液或25%灭螨猛可湿性粉剂1 000倍液喷雾防治，7～10天1次，重点喷嫩叶背面及茎端，连喷2～3次。

八、适时采收

采收时间根据气温变化及运输距离远近而定，一天之中选择比较凉爽的时段为好。采摘时注意轻摘轻放，不要带梗，以免在运输过程中破损。按照大小和成熟度分级包装，亦可现采现卖。

第十一章　日光温室防冻减灾及灾后恢复生产技术

日光温室蔬菜生产的主要季节在秋、冬和春季，在此期间，特别是在12月份至翌年1月份常出现突发性灾害天气，成为日光温室蔬菜生产的一大隐患。现将我县近几年日光温室防冻减灾及恢复生产技术总结如下，供农业技术人员和日光温室种植户参考。

第一节　防冻措施

一、及时采取保温措施

（一）双层草帘覆盖或者覆盖保温棉被保温

进入11月中旬后，对于投入生产的日光温室必须覆盖双层草帘或者覆盖保温棉被，再在草帘或保温棉被上加盖旧棚膜或彩条布保温，保持夜间和清晨揭帘前棚内最低温度在温室作物生长的安全临界温度（果菜5～8℃、叶菜1～3℃）以上，防止冷害或冻害发生。

（二）后墙挂反光幕增温

在温室后墙上挂一道反光幕能有效提高栽培床光照强度，晚上使墙体所贮热能缓慢释放于室内，保持温室内后半夜和清晨揭帘前有较高的温度。

（三）温室内要求全膜覆盖

若地膜幅宽不够，不能完全覆盖地面，人行道内用麦草等作物秸秆覆盖，减少地表蒸发损失热量，降低棚内湿度，提高棚内温度。

（四）调控灌溉水温度

棚内灌溉用水必须在浇灌前进行适当预热，一般不能用10℃以下冷水浇灌，以免浇水后地温下降幅度过大，降低棚内温度，影响作物正常生长。冬季要采用滴灌、渗灌或膜下暗沟灌溉，使地表尽量保持干燥。

（五）挂棉门帘

在温室入口挂较厚的棉门帘，并在温室内靠门处张挂围帘阻挡冷空气直接吹到棚内蔬菜上。

（六）应急保温措施

遇上连续阴雪或剧烈降温天气，在温室前沿加立一排1.2米宽的草帘，并在草帘上加盖一层旧棚膜或彩条布保温。

二、采取临时性补温措施

降雪或突然大幅降温，对旧棚和保温效果差的温室，若棚内温度长时间处在临界温度，或低于临界温度（果菜5～8℃、叶菜1～3℃）时，要适当进行人工增温（温室内燃放煤炉、柴火炉、点燃酒精、蜡烛或加挂增温灯），以免发生冻害或冷害。采取以上措施时，要做到棚不离人，谨防火灾等次生灾害发生。

三、加强田间管理

（一）灌水保温

灌溉事先预热的温水，不仅能提高土壤温度，还能增加土壤热容量，防止地温下降，稳定近地表气温，有利气温平稳上升，使受冻组织恢复机能。

（二）叶面追肥

冬季气温低、光照弱，根系吸收能力弱，叶面喷施生命素、磷酸二氢钾等肥料，可防止因根系吸收营养不足而造成的缺素症。据有关资料介绍，叶面喷0.3%～0.5%的白糖和过磷酸钙滤液，可增加叶肉细胞液浓度及叶组织硬度，提高抗寒性。

（三）缓慢升温

冻后天气转晴时，不能快速升温，应适量放风和拉花帘相结合，让棚内温度缓慢上升，避免温度过快上升使受冻组织坏死。

（四）剪除枯枝

及时剪去受冻的茎叶，以免冻死组织发霉病变，诱发病害。

第二节　防阴雪天气危害措施

一、大雪危害的预防

在降雪天，白天气温不太低时，应尽量卷起草帘让雪直接落在棚膜上，一是可以减轻重量，防止压坏棚架；二是便于及时清扫；三是棚膜上的积雪有一定保温作用，同时还可以让散射光进入温室，当雪积到一定厚度时要及时清扫，以防压坏温室骨架。

二、阴天危害的预防

阴天气温不是太低时要揭开或部分揭开草帘，让散光尽量进入棚内，增加蔬菜光照时间。不可整天覆盖草帘，使蔬菜在白天处于暗呼吸环境，引发各种病害。

三、阴雪天危害的预防

阴雪天棚内气温只要短时间内（1～2天）接近而不低于蔬菜生长的临界温度（果菜5～8℃、叶菜1～3℃），就不用人工增温，让蔬菜在低温下度过灾害性天气，不仅能减少体内营养消耗，也有利于天晴后恢复生长。若温度长时间处在临界温度，或低于临界温度时，要适当进行人工增温，以免发生冻害或冷害。

四、连阴天危害的预防

当遇到2天以上连阴天时，突然转晴后不要全部揭开草帘，防止棚内温度骤升，使刚经历过灾害性天气的瘦弱秧苗被强光照射后加大水分蒸腾，而此时土温较低，根系吸水缓慢，造成植株体内水分失调而临时萎蔫或强光灼伤叶片。正确的做法是一开始花帘遮阴，等植株恢复生长后，再全部揭起草帘增加光照。

第三节　防风措施及加强预测预报

一、防风措施

（1）加固压膜线，随时调节压膜线的松紧，使其始终处于拉紧状态。

（2）用棚膜黏合剂或透明胶带及时修补棚膜破损部位，以防止强风吹入，损坏棚膜和造成温度降低。

（3）当大风把棚膜吹得上下煽动时，每隔一定距离放下一条草帘压住棚膜，防止大风揭膜。

（4）在日光温室前沿距地面30厘米处拉一道8号铁丝，傍晚放下草帘后要将草帘下沿全部放入铁丝下，预防夜间大风吹走草帘，发生冻害。根据气象预报，当风力达到5级时，还要在草帘下沿压沙袋固定，确保不被大风吹移位置。

二、加强病虫害预测预报和防治工作

在冬季因低温和光照不足，植株生长势减弱，抗性下降，病虫害容易发生。一定要加强病虫害预测预报和科学防治工作，尽量采用烟剂或粉尘防病，降低棚内湿度，避免病害流行。

参考文献

李青云. 2014. 高产蔬菜日光温室设计建造与管理 [M]. 北京：中国农业出版社.

张东雷. 2014. 日光温室番茄栽培技术 [M]. 北京：化学工业出版社.

张国森，崔海成. 2015. 日光温室设计建造与环境调控技术 [M]. 兰州：甘肃科学技术出版社.